科学新导向丛书

U0635768

海洋：
那片蔚蓝的世界

姜忠喆 编著

成都时代出版社

图书在版编目(CIP)数据

海洋:那片蔚蓝的世界/姜忠喆编著. —成都:
成都时代出版社,2013.8(2018.8 重印)
(科学新导向丛书)
ISBN 978-7-5464-0919-1

Ⅰ.①海… Ⅱ.①姜… Ⅲ.①海洋－青年读物②海洋
－少年读物 Ⅳ.①P7-49

中国版本图书馆 CIP 数据核字(2013)第 140149 号

海洋:那片蔚蓝的世界
HAIYANG:NAPIAN WEILAN DE SHIJIE
姜忠喆 编著

出 品 人 石碧川
责任编辑 于永玉
责任校对 李 佳
装帧设计 映象视觉
责任印制 唐莹莹

出版发行 成都时代出版社
电 话 (028)86621237(编辑部)
(028)86615250(发行部)
网 址 www.chengdusd.com
印 刷 北京一鑫印务有限责任公司
规 格 690mm×960mm 1/16
印 张 14
字 数 220 千
版 次 2013 年 8 月第 1 版
印 次 2018 年 8 月第 2 次印刷
书 号 ISBN 978-7-5464-0919-1
定 价 29.80 元

前　言

　　提起"科学"，不少人可能会认为它是科学家的专利，普通人只能"可望而不可即"。其实，科学并不高深莫测，科学早已渗入到我们的日常生活，并无时无刻不在影响和改变着我们的生活。无论是仰望星空、俯视大地，还是近观我们周围事物，都处处可以发现有科学之原理蕴于其中。即使是一些司空见惯的现象，其中也往往蕴涵深奥的科学知识。科学史上的许多大发明大发现，也都是从微不足道的小现象中生发而来：牛顿从苹果落地撩起万有引力的神秘面纱；魏格纳从墙上地图揭示海陆分布的形成；阿基米德从洗澡时溢水现象中获得了研究浮力与密度问题的启发；瓦特从烧开水的水壶冒出的白雾中获得了改进蒸汽机性能的想象；而大名鼎鼎的科学家伽利略从观察吊灯的晃动，从而发现了钟摆的等时性……所以说，科学就在你我身边。一位哲人曾说："我们身边并不是缺少创新的事物，而是缺少发现可创新的眼睛。"只要我们具备了一双"慧眼"，就会发现在我们的生活中科学真是无处不在。然而，在课堂上，在书本上，科学不时被一大堆公式和符号所掩盖，难免让人觉得枯燥和乏味，科学的光芒被掩盖，有趣的科学失去了它应有的魅力。常言道，兴趣是最好的老师，只有培养起同学们对科学的兴趣，才能激发他们探索未知科学世界的热忱和勇气。

　　科学是人类进步的第一推动力，而科学知识的普及则是实现这一推动的必由之路。在新的时代，社会的进步、科技的发展、人们生活水平的不断提高，为我们青少年的科普教育提供了新的契机。抓住这个契机，大力普及科学知识，传播科学精神，提高青少年的科学素质，是我们全社会的重要课题。

　　《科学新导向丛书》内容包括浩瀚无涯的宇宙、多姿多彩的地球奥秘、日新月异的交通工具、稀奇古怪的生物世界、惊世震俗的科学技术、源远流长的建筑文化、威力惊人的军事武器……丛书将带领我们一起领略人类惊人的智慧，走进异彩纷呈的科学世界！

丛书采用通俗易懂的文字来表述科学，用精美逼真的图片来阐述原理，介绍大家最想知道的、最需要知道的科学知识。这套丛书理念先进，内容设计安排合理，读来引人入胜、诱人深思，尤其能培养科学探索的兴趣和科学探索能力，甚至在培养人文素质方面也是极为难得的中学生课外读物。

海水中包含着巨大的财富，海底蕴藏着无数的资源。让我们伸出双手，用勤劳与汗水换取大海的恩赐。亲爱的少年朋友们，海洋是我们可以施展身手的广阔天地。祖国需要大批海洋科学家、海洋科学工作者，让我们跟随《海洋：那片蔚蓝的世界》一书，一起走近海洋，了解海洋，为将来投身海洋事业作好心理和知识的准备吧！

阅读本丛书，你会发现原来有趣的科学原理就在我们的身边；

阅读本丛书，你会发现学习科学、汲取知识原来也可以这样轻松！

今天，人类已经进入了新的知识经济时代。青少年朋友是 21 世纪的栋梁，是国家的未来、民族的希望，学好科学是时代赋予我们的神圣使命。我们希望这套丛书能够激发同学们学习科学的兴趣，消除对科学冷漠疏离的态度，树立起正确的科学观，为学好科学、用好科学打下坚实的基础！

目 录

第一章 海与洋

第二章　海洋的骨架

第三章　海洋之声

第四章　海洋之谜

第五章 海洋污染

第六章 保护海洋环境

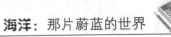

第一章

海 与 洋

海洋的诞生

大约46亿年前，我们的地球才刚刚形成，那时候它如同一个大火球，温度非常高。由于地球形成早期还不稳定，地壳还很薄，所以那时常会有岩浆活动或火山活动发生。

在地球诞生的最初几亿年里，地球上的水很少，只有空气中潮湿的蒸气。那时还没有海洋，甚至连湖都没有。大多数的水都是以蒸气的形式存在于炽热的地心中，或者以结构水、结晶水等形式赋存于地下岩石中。

随着地热的增高，地球内部的水蒸气及其他气体越聚越多，终于胀破了坚实的地壳喷了出来。由于当时地表的温度比现在要高得多，所以大气层中以气体形式存在的水分也相当多。后来随着地表温度逐渐下降，由于冷却不均，空气对流加剧，喷到空气中的大量水蒸气立即结成浓云。大约就是在20亿到30亿年前，这些浓云化作倾盆大雨落到地面上，而雨一直下了很久很久。

但是地表的温度仍然很高，水滴还没有接触到地表就又被蒸发为气态的水了。这样过了几百万年，地球上的雨一直没有停过。直到地表的温度降到了100℃以下，降落到地面的水才慢慢汇集起来。滔滔的洪水，通过千川万壑汇集成巨大的水体，形成了原始的海洋。在这过程中，氢、二氧化碳、氨和甲烷等，有一部分被带入了原始海洋。此外，还有许多矿物质和有机物陆续随水汇集海洋。之后再经过地质历史上的沧桑巨变，原始海洋逐渐演变成今天的海洋。

关于地球上水的来历，科学界目前还存在着不同的看法。

（1）由地球内部释放出来的初生水转化而来，地球从原始太阳星云中凝聚而形成独立的星球，便携带这部分水。

（2）地球上的水是太阳风的杰作，地球吸收太阳风中的氢并与氧结合，就可产生水。

（3）自外太空闯入地球的冰彗星雨带来的。

原始海洋中的海水量较少，据估计，约为目前海水量的 1/10，在几十亿年的地质过程中，水不断地从地球内部溢出来，使地表水量不断增加。现在地球上的海水总量是地球诞生以来经过十亿年甚至几十亿年的逐渐积累形成的。

原始的海洋中的水分不断蒸发，反复地形云致雨，重新落回地面，把陆地和海底岩石中的盐分溶解，不断地汇集于海水中。经过亿万年的积累融合，才变成了大体均匀的咸水。同时，由于大气中当时没有氧气，也没有臭氧层，紫外线可以直达地面，靠海水的保护，生物首先在海洋里诞生。大约 38 亿年前，即在海洋里产生了有机物，先有低等的单细胞生物。在 6 亿年前的古生代，有了海藻类，在阳光下进行光合作用，产生了氧气，后经慢慢积累，形成了臭氧层。此时，生物才开始登上陆地。

从此，地球开始了生命的进程，逐渐出现形形色色的植物和动物，世界开始变得丰富起来。

地球上的海和洋

　　广阔无垠的海洋，从蔚蓝到碧绿，美丽而又壮观。我们常说的海洋，这只是人们长久以来习惯性的称谓，严格地讲，海与洋其实是两个不同的概念。海洋是一个统称，它的主体是海水，包括海内生物、邻近海面的大气、围绕海洋边缘的海岸以及海底等几部分。洋是海洋的中心部分，是海洋的主体，海是洋的边缘部分，与陆地相连。洋和海彼此沟通，组成统一的世界海洋，又称"世界大洋"。

世界海洋分布图

人们对世界海洋的划分，有着种种不同的观点，各国也不完全一致。有的国家分为五大洋，除了大西洋、太平洋、印度洋和北冰洋四大洋之外，还有南大洋；有的国家分为三大洋：大西洋、太平洋、印度洋。而我国一般分为四大洋：太平洋、大西洋、印度洋、北冰洋。这与世界上大多数的国家观点一致。太平洋是世界上面积最大的洋，其余依次为大西洋、印度洋、北冰洋，这四大洋的面积共占全世界海洋面积的88.2%，这中间北冰洋的面积最小。其实可以这样讲，洋与洋之间的任何界限都是相对的。地球上只存在一个统一的海洋。

与这么大面积的海洋相对应的就是我们人类生存的地方——陆地。大陆和海洋共同构成了我们美丽的地球家园，可是海洋的面积比陆地面积要大得多。根据科学家计算，地球的表面积约为5.1亿平方千米，海洋占据了其中的70.8%，即3.61亿平方千米，剩余的1.49亿平方千米为陆地，其面积仅为地球表面积的29.2%，也就是说，地球上的陆地还不足1/3。所以，宇航员从太空中看到的地球，是一个蓝色的"水球"，而我们人类居住的广袤大陆实际上不过是点缀在一片汪洋中的几个"岛屿"而已。因此，有人建议将地球改为"水球"也不是没有道理的。

此外，地球上的海洋是相互连通的，构成统一的世界大洋；而陆地是相互分离的，因此没有统一的世界大陆。在地球表面，是海洋包围、分割所有的陆地，而不是陆地分割海洋。

由于海洋在地球表面分布是不均匀的，这点我们可以从南、北半球海陆分布图上看出。除了北纬45°~70°以及南纬70°的南极地区，陆地面积大于海洋面积之外，在其余大多数纬度上的海洋面积都大于陆地，而在南纬56°~65°，几乎没有陆地，完全被海水所环绕。此外还有，南极是陆，北极是海；北半球高纬度地区是大陆集中的地方，而南半球的高纬度区却是三大洋连成一片。所以我们可以以赤道附近为标准，将地球分成南、北两个半球；另外，我们也可以把南半球称作水半球，把北半球称作陆半球。

大陆漂移说

早在公元 1620 年，英国人培根就已经发现，在地球仪上，南美洲东岸同非洲西岸可以很完美地衔接在一起。到了 1912 年，德国科学家魏格纳根据大洋岸弯曲形状的某些相似性，提出了大陆漂移的假说。

说起魏格纳大陆漂移假说的提出还是一个有趣的故事。1910 年的一天，年轻的德国科学家魏格纳躺在病床上，目光正好落在墙上一幅世界地图上。"奇怪！大西洋两岸大陆轮廓的凹凸，为什么竟如此吻合？"他的脑海里再也平静不下来：非洲大陆和南美洲大陆以前会不会是连在一起的？也就是说它们之间原来并没有大西洋，只是后来因为受到某种力的作用才破裂分离？大陆会不会是漂移的？以后，魏格纳通过调查研究，从古生物化石、地层构造等方面找到了一些大西洋两岸相同或相吻合的证据。结果得出，两岸的地形

1.35亿年前，大西洋已经张开

之间具有交错的关系，特别是南美的东海岸和非洲的西海岸，相互对应，简直就可以拼合在一起。对此，魏格纳作了一个简单的比喻：这从地图上看，非洲大陆和南美洲大陆的外廓何等相似！另外科学家们还发现两块大陆岩石的形成时期都有着惊人的相似。就好比一张被撕破的报纸，不仅能把它拼合起来，而且拼合后的印刷文字和行列也恰好吻合。

1912 年，魏格纳通过查阅各种资料，根据大西洋两岸的大陆形状，地质构造和古生物等方面的相似性，正式提出了"大陆漂移假说"。在当时，他的假说被认为是荒谬的。因为在这以前，人们一直认为七大洲、四大洋是固定不变的。为了进一步寻找大陆漂移的证据，魏格纳只身前往北极地区的格陵兰岛探险考察，在他 50 岁生日的那一天，不幸遇难。值得告慰的是，他的大陆漂移假说，现在已被大多数人所接受。这一伟大的科学假说，以及由此而发展起来的板块学说，使人类重新认识了地球。

魏格纳虽然没有亲眼看到"大陆漂移假说"的胜利就离开了人世，然而，由于这一学说本身所具有的强大生命力，随着时间的推移，终于被越来越多的人所认识和肯定。20 世纪 50 年代以来，科学观测的一些发现，为"大陆漂移假说"提供了充分的证据，使这一学说在地质学中已赢得了它应有的地位。不仅如此，魏格纳最早发现大陆漂移这一事实，还为以后的"海底扩张学说"和"板块构造学说"打下了坚实基础。魏格纳这位全球构造理论的先驱，被誉为"地学的哥白尼"而名垂千古。

大　洋

在海洋学上，海洋、海和洋是有着各自的含义和区别的。海洋是地球上广大连续的咸水水体的总称。洋是这水体的主体部分，约占海洋面积的89%。大洋的面积辽阔，水深一般在3000米以上，最深处可达1万多米。由于大洋离陆地遥远，不受陆地的影响，它的水温和盐度变化不大。每个大洋都有自己独特的洋流和潮汐系统。大洋的水色蔚蓝，透明度很高，水中的杂质很少。前面我们已经提过，一般认为全世界共有4个大洋，即太平洋、印度洋、大西洋、北冰洋。

这些蔚蓝色的大洋中，太平洋是最古老的海洋，是泛大洋演化发展的结果。大西洋、印度洋是年轻的新生的海洋，大西洋从形成到现在，只经历了五六千万年的时间，而印度洋的年龄则更小一些。直至今日，随着地球内部的运动，大陆海洋仍在不断的变化之中。但是随着时间的发展，在我们的大洋家族中又有了新成员。它就是——南极洋，又名南大洋或南冰洋，就是围绕南极洲的海洋，是太平洋、大西洋和印度洋南部的海域。人们以前一直认为太平洋、大西洋和印度洋一直延伸到南极洲，但因为海洋学上发现南极洋有重要的不同洋流，于是国际水文地理组织于2000年确定其为一个独立的大洋，成为第五大洋。

南大洋在地球上有着非常特殊的位置。这与它的地理位置有很重要的关系，南大洋的北界为南极幅合带——水温、盐度急剧变化的界限，位于南纬48°~62°之间，这条线也是南大洋冰缘平均分布的界线。重要的是，南大洋的面积约为7500万平方千米，是世界上唯一完全环绕地球，而没有被任何大陆分割的大洋。它具有独特的水文特征，不但生物量丰富，而且对全球的气候亦有举足轻重的影响。

在这个美丽的大洋上有许多可爱的动物，其中有最为出名的打洞专家——威德尔海豹。它栖息于南大洋冰区和冰缘附近，是位名副其实的打孔巨匠。因为威德尔海豹需要不断浮出水面进行呼吸，每次间隔时间为 10～20 分钟，最长可达 70 分钟。于是冰洞就成了它进出海洋、呼吸和进行活动的门户。但在打洞的过程中，它的嘴磨破了，鲜血染红了冰洞内外；它的牙齿磨短了，磨掉了，再也不能进食，也无法同它的劲敌进行搏斗了。正是由于这种原因，本来可以活 20 多年的威德尔海豹一般只能活 8～10 年，有的甚至只活 4～5 年就丧生了。更严重的是，有的威德尔海豹还没有钻出洞口，就因缺氧和体力耗尽而死亡。

太 平 洋

太平洋名字的来历有着一段古老的故事。给它起名的，是曾经率领船队为人类第一次开辟环绕地球航行道路的葡萄牙航海家费尔南多·麦哲伦。

1519 年 9 月 20 日，因受政府迫害逃到西班牙的麦哲伦率领由 5 只船组成的西班牙船队，从圣卢卡港出发，沿非洲西海岸经过加那利群岛和佛得角群岛，利用赤道洋流和东北信风横渡大西洋。当时，人们正在争论"地圆说"。10 年前，麦哲伦曾率船队绕过好望角，横渡印度洋，穿过马六甲海峡而到达菲律宾的棉兰老岛。这次，麦哲伦探索着闯出一条从相反的方向到达远东的航路。

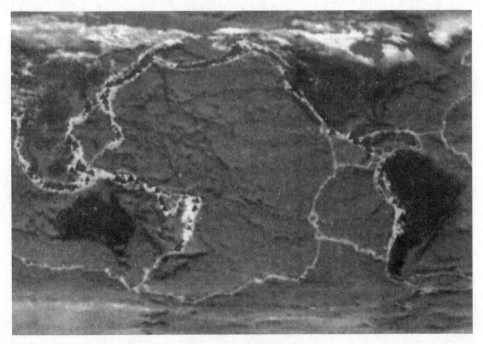

太平洋火圈

这是一条没有人航行过的航路，困难无法形容。"维多利亚"号触礁，"圣地亚哥"号沉没。麦哲伦经历了一次又一次的考验，终于在1520年10月21日发现了一条看来很有希望的水道。但这里的气候十分恶劣，他们战风斗浪28天，经受了510多千米难以忍受的航程，才算闯出这条被后人命名为"麦哲伦海峡"的航道。穿过麦哲伦海峡，眼前茫茫一片的大海烟波浩渺、风平浪静，灿烂的阳光映照着天空，绚丽多彩，一派宁静太平景象。百感交集的麦哲伦于是在海图上把眼前的这块洋面标名为"太平洋"。

说来也巧，在太平洋航行的3个月，居然一次也未遇到暴风和巨浪的袭击，一路顺风，终于在1521年3月28日，船队驶抵菲律宾棉兰老岛，而"太平洋"的名称也为世界所公认。

太平洋在亚洲、大洋洲、南极洲和美洲之间，东西宽处约19000多千米，南北最长约16000多千米，面积约达1.8亿平方千米，占全球面积的35%，占整个世界海洋总面积的50%，超过了世界陆地面积的总和。它是地球上四大洋中最大、最深和岛屿、珊瑚礁最多的海洋。它的平均深度约为4028米，最深处位于马里亚纳海沟，深度达11034米，是目前已知世界海洋的最深点。

除此之外，太平洋还是世界上最温暖的大洋和有"太平洋火圈"之称的大洋。它的海面平均水温达到19℃，而全世界海洋平均温度仅为17.5℃。它的水温比大西洋高出整整2℃，这当然可以归结为：由于白令海峡很窄，阻碍了北冰洋寒冷的水流入，而太平洋的热带海面宽广，储存的热量大。所以，太平洋不仅温度高而且在这里生成的台风也多，约占世界台风总数的70%。另外，全球约85%的活火山和约80%的地震集中在太平洋地区。太平洋东岸的美洲科迪勒拉山系和太平洋西缘的花彩状群岛是世界上火山活动最剧烈的地带，活火山多达370多座，地震频繁，所以它有"太平洋火圈"的称谓可是一点也不为过。

大西洋

大西洋位于直布罗陀以西，原名叫“西方大洋”。它的英文“Atlantic”一词，源自古希腊神话中的大力士阿特拉斯（Atlas）。希腊神话中，普罗米修斯因盗取天火给人间而犯了天条，株连到他的兄弟阿特拉斯。众神之王宙斯强令阿特拉斯支撑石柱使天地分开，于是阿特拉斯在人们心目中成了顶天立地的英雄。最初希腊人以阿特拉斯命名非洲西北部的土地，后因传说阿特拉斯住在遥远的地方，人们认为一望无际的大西洋就是阿特拉斯的栖身地，因此就有了大西洋这个称谓。

大西洋位于欧洲、非洲、美洲和南极洲之间，整个轮廓略呈“S”形，其形成距今只有约一亿年。它南接南极洲；北以挪威最北端—冰岛—格陵兰岛

巴拿马运河的开通缩短了大西洋与太平洋之间的航程

南端—戴维斯海峡南边—拉布拉多半岛的伯韦尔港与北冰洋分界；西南以通过南美洲南端合恩角的经线同太平洋分界；东南以通过南非厄加勒斯角的经线同印度洋分界。大西洋的平均深度约为3627米，最大深度约为9219米，大多分布在波多黎各岛北方的波多黎各海沟中。它的面积约为9336.3万平方千米，是世界第二大洋，约占海洋总面积的25.4%，是太平洋面积的一半。但是，现在它正在拼命扩张，让两岸裂开，说不定在遥远的将来，后来居上的大西洋的宽度会赶上或超过太平洋。

在这个美丽的大洋中还曾经一度流传着这样的传说：一种消失了的神秘文明——亚特兰蒂斯帝国。一片传说中有高度文明发展的古老大陆，被称作大西洲。到现今为止，还未有人能证实它的存在。最早的描述出现于古希腊哲学家柏拉图的文章里。据他所言，在9000年前，当时亚特兰蒂斯正要与雅典展开一场大战，没想到亚特兰蒂斯却突然遭遇地震和水灾，不到一天一夜就完全沉没海底，消失得无影无踪，柏拉图认为，大西洲沉没的地点就在大西洋直布罗陀海峡附近。对于亚特兰蒂斯的所在位置现在还没有定论，科学家们主要倾向于在地中海西端，也就是在大西洋，因为大西洋底曾经发现过相关遗迹，而且根据鳗鱼的洄游和马尾藻海的一些情况来推测，的确有可能是亚特兰蒂斯所在，但是还是有很多不能解释的问题。

但无论结果如何，今天大西洋的周围几乎都是世界上各大洲最为发达的国家和地区，凡是与它有关的航海业、海底采矿业、渔业、海上航运业等都非常发达。这中间尤其突出的是它的航运业。由于大西洋与北冰洋的联系比其他大洋都方便，有多条航道相连通，并且拥有多条国际航线，便于联系欧洲、美洲、非洲的沿岸国家，所以使它的货运量居各大洋第一位，这是其他大洋所无法比拟的。

印 度 洋

中国古时叫印度洋为西洋。15世纪初，明朝著名航海家郑和，曾率船队七下"西洋"，就是现在的印度洋。古希腊曾叫印度洋为"厄立特里亚海"，意思是"红色的海"。当时欧洲知道东方有个印度，是个非常文明和富饶的国家。15世纪末，葡萄牙航海家达·伽马，绕过好望角，进入这个洋，并找到了印度，就正式把"通往印度的洋"称为印度洋了。到了公元1515年，欧洲地理学家舍纳画的地图上，把这片大洋改为"东方之印度洋"。

印度洋在亚洲、非洲、大洋洲和南极洲之间，是世界第三大洋，总面积约7491.7万平方千米，约为海洋总面积的1/5。它的平均深度约为3897米，最深为爪哇海沟7729米。它的北部是封闭的，南段敞开。西南绕好望角，与大西洋相通，东部通过马六甲海峡和其他许多水道，可流入太平洋。西北通过红海、苏伊士运河，通往地中海。因为它的大部分地区在热带，所以往往也被称为"热带的洋"。

与此同时，印度洋还是地球上最年轻的大洋。早在1.3亿年前，北大西洋就从一个很窄的内海开裂扩大，它的东部与古地中海相通，西部与古太平洋相通，那时，南美洲与北美洲还是彼此分开的。随后南方古陆开始分裂，南美洲与非洲分开，两块大陆开裂漂移形成海洋，但与北大西洋并未贯

通，海水从南面进出，形成非洲与南美洲之间的一个大海盆。南方古陆的东半部也开始破碎分开，使非洲同澳大利亚、印度、南极洲分开，于是就在这两者之间出现了最原始的印度洋。

在这个美丽的大洋上，有许多明珠般璀璨的岛屿。最为著名的塞舌尔群岛由92个岛屿组成，在这里一年只有两个季节——热季和凉季，没有冬天。这里是一座庞大的天然植物园，有500多种植物，其中的80多种在世界上其他地方根本找不到。而且每一个小岛都有自己的特点：阿尔达布拉岛也是著名的龟岛，岛上生活着数以万计的大海龟；弗雷加特岛是一个"昆虫的世界"；孔森岛是"鸟雀天堂"；伊格小岛盛产各种色彩斑斓的贝壳。塞舌尔的国宝是一种叫海椰子的奇异水果，外国游客若想带出境还需持有当地政府的许可证才可以呢。

除此以外，印度洋西北部的波斯湾地区还是世界石油储量最丰富的地区。在这里有著名的石油海峡——霍尔木兹海峡。它位于波斯湾口，在印度洋航线上占有重要地位，每年约有3万多艘油轮从这里通过。由于波斯湾地区出口石油总量90%从此海峡运出，因而西方国家就把波斯湾看作是他们的油库，把霍尔木兹海峡看成是油库的总阀门。

北 冰 洋

在好几个世纪以前，人们一直想在北极中央地区寻找出一块大陆，有人甚至把一层广阔而又平坦的冰原，错认为土地。到了 19 世纪末期，科学家们才确定了北极中央并没有陆地。也就是说，在地球的最北部，以北极为中心的周围地区，是一片辽阔的水域。这个水域，就是北冰洋。北冰洋这个名称来自希腊语，意思为正对大熊星座（即北斗七星）的海洋。1650 年，荷兰探险家 W. 巴伦支，把它划为独立大洋，叫大北洋。1845 年，在英国伦敦地理学会上，北冰洋的名字被正式命名。

北冰洋地区美丽的极光现象

位于北极圈内的北冰洋，处于地球的最北端，被欧洲大陆和北美大陆环抱着，有狭窄的白令海峡与太平洋相通。它是世界上最小、最浅的大洋，面积约为1479万平方千米，不到太平洋的1/10，仅占世界大洋面积的3.6%；体积约1698万立方千米，仅占世界大洋体积的1.2%；平均深度约1300米，仅为世界大洋平均深度的1/3，最大深度也只有5449米。因此，北冰洋又被称为"北极海"。

在那个寒冷的冰雪世界里，北冰洋的平均水温只有-1.7℃。洋面上有常年不化的冰层，厚度在2~4米，北极点附近冰层可厚达30米。越是中央地区，冰层越是厚实坚固，汽车可以在上面行驶，甚至连飞机也可以在上面降落。冬季的时候有80%的洋面被冰封住，就是在夏季，也有一多半的洋面被冰霸占。现在，你该知道那是一个多么寒冷的海洋了吧！

这一切造就了北冰洋成为四大洋中温度最低的寒带洋，终年积雪，千里冰封，覆盖于洋面的坚实冰层足有3~4米厚……成了这里常见的景象。每当这里的海水向南流进大西洋时，随时随处可见一簇簇巨大的冰山随波漂浮，逐流而去，就像是一些可怕的庞然怪物，给人类的航运事业带来了一定的威胁。

寒冷造就北冰洋成为世界上条件最恶劣的地区之一，由于位于地球的最北部，每年都会有独特的极昼与极夜现象出现。这里第一大奇观就是一年中几乎一半的时间，连续暗无天日，恰如漫漫长夜难见阳光；而另一半日子，则多为阳光普照，只有白昼而无黑夜。第二大奇观是五颜六色的极光像突然升起的节日烟火，一下照亮半边天；它时而如舞在半空的彩条，时而像挂在天际的花幕，时而如探照灯一样直射苍穹，这也是在别处任何地方都欣赏不到的奇异美景。

然而就是在这样恶劣情况下，还生活着人类——爱斯基摩人又叫因纽特人，他们世世代代生活和居住在这里，至少有4000多年的历史。在过去的漫长岁月中，他们过着一种没有文字、没有货币，却是自由自在、自给自足的生活。随着时代的推移，因纽特人已经开始接受现代文明，生活发生了巨大的变化。

大　海

　　海是指大洋边缘靠近大陆部分的海域，约占海洋总面积的 11%。一般比洋面积要小，深度也比较浅，平均深度从几米到 3000 米。由于海靠近大陆，受大陆、河流、气候和季节的影响，水的温度、盐度、颜色和透明度都受陆地影响出现明显的变化，有的海域海水冬季还会结冰，河流入海口附近海水盐度会变淡、透明度差。和大洋相比，海没有自己独立的潮汐与海流。

　　现在，根据国际水道测量局的海名汇录，全世界共有 54 个海。按照它们所处地理位置不同，可分为边缘海、陆间海和内海。边缘海位于大陆边缘，以岛屿、群岛或半岛与大洋分隔，以海峡、水道与大洋相连，如东海、南海；陆间海位于大陆之间，以狭窄海峡与大洋或其他海相通，如地中海；内海位于陆地内部，如波罗的海、黑海。

地球上有 2/3 的外流河最后都汇入了浩瀚的大海

俗话说："海纳百川，有容乃大"，"条条江河归大海"，因此有许多人认为，陆地上的条条江河最终都将汇入大海。其实，这是一种错觉，事实是世界上有近1/3的河流与海洋根本无缘。那些能直接或间接流入海洋的河流，称为外流河。外流河一般处在气候比较湿润、降水丰富、蒸发量较小、离海较近的大陆边缘地区。世界上2/3以上的河流是外流河。如南美洲的亚马孙河，非洲的尼罗河，中国的长江、黄河，北美洲的密西西比河这世界五大河流，均属于外流河。那些最终不能流入海洋的河流，人们称之为"内流河"，也叫内陆河。内陆河一般处于离海洋较远的大陆内部地区。

　　说到这里，就不得不提到世界第三大陆缘海——南海。南海，通过巴士海峡、苏禄海和马六甲海峡等，与太平洋和印度洋相连。它的面积最广，约有356万平方千米，相当于16个广东省那么大。我国最南边的曾母暗沙距大陆达2000千米以上，这要比广州到北京的路程还远。南海也是邻接我国大陆最深、最大的海，平均水深约1212米，中部深海平原中最深处达5567米，比大陆上西藏高原的高度还要深。另外，南海还位居太平洋和印度洋之间的航运要冲，因此具有重要的战略意义。

地中海

　　最早犹太人和古希腊人简称地中海为"海"或"大海"。因为古代人们仅知此海位于三大洲之间，故称之为"地中海"。英、法、西、葡、意等语拼写来自拉丁 MareMediterraneum，其中"medi"意为"在……之间"，"terra"意为"陆地"，全名意为"陆地中间之海"。该名称始见于公元3世纪的古籍。到了公元7世纪的时候，西班牙作家伊西尔首次将地中海作为地理名称。

　　地中海是指介于亚、非、欧三洲之间的广阔水域，这是世界上最大的陆间海。地中海同时也是世界上最古老的海，历史比大西洋还要古老。另外，由于它处在欧亚大陆和非洲大陆的交界处，因此是世界强地震带之一。在地中海地区还有许多著名的火山，比如维苏威火山、埃特纳火山等。

　　由于地中海特殊的地理构造，因此也造成了它与众不同的气候特点。在那里，夏季干热少雨，冬季温暖湿润。这种气候使得周围河流冬季涨满雨水，夏季干旱枯竭。世界上这种气候类型的地方很少，据统计，总共占不到2%。

风光旖旎的地中海沿岸

由于这里气候特殊，德国气象学家柯本在划分全球气候时，把它专门作为一类，叫地中海气候。

因为这种气候特别适合橄榄树的生长，因此地中海地区盛产油橄榄。而且这里还是欧洲主要的亚热带水果产区，盛产柑橘、无花果和葡萄等。

除了它特殊的气候特征以外，地中海作为陆间海交通要道的作用也格外突出。由于地中海比较平静，加之沿岸海岸线曲折、岛屿众多，拥有许多天然良港，所以不可避免地成为沟通三个大陆的交通要道。这样的条件，使地中海从古代开始海上贸易就很繁盛，成为了古代埃及文明、古希腊文明、罗马帝国等的摇篮，直到如今它仍然是世界海上交通的重要地点之一。腓尼基人、克里特人、希腊人，以及后来的葡萄牙人和西班牙人都是航海业发达的民族。著名的航海家如哥伦布、达·伽马、麦哲伦等，都出自地中海沿岸的国家。

然而如此重要的地中海竟然曾经出现过干涸的危机，事实上，地中海在历史上的确曾经干涸过。近年来，科学家们发现了在地中海海底不同地点和不同深度上的沉积层中存在着石膏、岩盐和其他矿物的蒸发岩，经测定，其年龄距今 500 万 ~ 700 万年。由此可以推断，在距今约 700 万年期间，地中海的古地理环境确曾是一片干涸荒芜的沙漠。从考证出来的蒸发岩上又覆盖着一层海底沉积物和深海软泥来看，说明地中海干涸之后，再度被海水淹没。而据现在的资料统计，地中海地区年蒸发量超过了年降水量与江河径流量之和，所以有人推断：如果没有大西洋海水流入地中海，也许不用 1000 年的时间，地中海就会完全干涸，重新变成干透了的特大深坑。

爱琴海

爱琴海，光是这浪漫至极的名字就能让人生出无限遐想。

船下的海水泛着青蓝色的光芒，幽幽的，深邃得仿佛能容纳几千年的历史；船头激起白色的浪花，与上下飞舞的海鸥相映成趣；天空蓝得像大海一样，白云就像浮在天上的小岛，真不知希腊的神是依照天空制造了大海，还是依照大海制造了天空？

关于爱琴海的名字还源于一个古老的希腊神话传说。在远古的时代，有位国王叫弥诺斯，他统治着爱琴海的一个岛屿克里特岛。弥诺斯的儿子在雅典的阿提刻被人谋杀了，为了替儿子复仇，弥诺斯向雅典的人民挑战。后来，雅典人向弥诺斯王求和，弥诺斯要求他们每隔 9 年送 7 对童男童女到克里特岛。

弥诺斯王宫遗址

弥诺斯在克里特岛建造一座曲折纵横的迷宫，无论谁进去都别想出来。在迷宫的纵深处，弥诺斯养了一只人身牛头的野兽米诺牛，雅典每次送来的7对童男童女都是供奉给米诺牛吃的。这一年，又是供奉童男童女的年头了，有童男童女的家长们都惶恐不安。雅典的国王爱琴的儿子忒修斯看到人们遭受这样的不幸而深感不安，他决心和童男童女们一起出发，并发誓要杀死米诺牛。

忒修斯和父亲约定，如果杀死米诺牛，他在返航时就把船上的黑帆换成白帆。忒修斯领着童男童女在克里特上岸了，他的英俊潇洒引起了一位美丽聪明的公主的注意。公主向忒修斯表示了自己的爱慕之情，并偷偷和他相会。当她知道忒修斯的使命后，她送给他一把魔剑和一个线球，以免忒修斯受到米诺牛的伤害。

聪明而勇敢的忒修斯一进入迷宫，就将线球的一端拴在迷宫的入口处，然后放开线团，沿着曲折复杂的通道，向迷宫深处走去。最后，他终于找到了怪物米诺牛，并用剑把它杀死了，然后，他带着童男童女踏上了回家的路程。快到家的时候，忒修斯和他的伙伴兴奋异常，又唱又跳，但他忘了和父亲的约定，没有把黑帆换成白帆。翘首等待儿子归来的爱琴国王在海边等待儿子的归来，当他看到归来的船挂的仍是黑帆时，以为儿子已被米诺牛吃了，他悲痛欲绝，跳海自杀了。为了纪念爱琴国王，他跳入的那片海，从此就叫爱琴海。

实际上，爱琴海是地中海的一部分。它位于希腊半岛和小亚细亚半岛之间，南北长610千米，东西宽300千米，面积约21.4万平方千米，比波斯湾还要小些。爱琴海的海岸线非常曲折，港湾众多，岛屿星罗棋布。相邻岛屿之间的距离很短，站在一个岛上，可以把对面的海岛看得清清楚楚。它所拥有的岛屿数量之多，全世界没有哪个海能比得上的，所以爱琴海又有"多岛海"之称。

如今，爱琴海已经成为世界各国人们向往的度假胜地，它以无穷的魅力感染着每一位来到这里的游客。

红　海

在非洲北部与阿拉伯半岛之间，有一片颜色鲜红的海，这就是红海。关于红海名称的来源，直到今天仍然有许多种解释。

有的认为是远古时代，受交通工具和技术条件的制约，驾船在近岸航行的人们发现红海两岸红黄色岩壁将太阳光反射到海上，使海上也红光闪烁，红海因此而得名。有的认为是红海里有许多色泽鲜艳的贝壳使水色深红；也有的认为红海近岸的浅海地带有大量黄中带红的珊瑚沙，使得海水变红；还有人认为红海内红藻会发生季节性的大量繁殖，使整个海水变成红褐色，有时连天空、海岸，都映得红艳艳的，因而得名红海。其实今天红海的名字是从古希腊名演化而来的，它的意译即"红色的海洋"。

红海的海滩日光充足

实际上，在通常情况下，红海海水都是蓝绿色的。它是世界上水温和含盐量最高的海域之一。在地理位置上，红海是印度洋的边缘海。北段通过苏伊士运河与地中海相通，南端有曼德海峡与亚丁湾相通。它就像一条张着大口的鳄鱼，从西北向东南，斜卧在那里。红海长约 2000 多千米，最大宽度 306 千米，面积约 45 万平方千米，平均深度约 558 米，最大深度 2514 米。由于特殊的地理构造使得红海处于热带沙漠气候区，所以降水少得可怜，但那里的蒸发量却远远大于降水量。加上红海周围无河流汇入，使红海水量入不敷出，必须由印度洋的水流来补充。从印度洋进入亚丁湾的水，浩浩荡荡北上，进入干渴的红海，补充它的水源不足。因此，亚丁湾就成了调节红海水位的"大水库"。与此同时，红海的高温、高盐水也不断经过曼德海峡的底层，流向亚丁湾，从而成为印度洋高温高盐水的重要源头。

到目前为止，红海可以说是一个年轻的海。大约在 2000 万年前，阿拉伯半岛与非洲分开，那个时候诞生了红海。现在还可以看出，两岸的形状很相似，这是大陆被撕开留下的痕迹。非洲板块与阿拉伯板块间的裂谷，沿红海底中间通过。在 300 万~400 万年来，两个板块仍在继续分裂，两岸平均每年以 2.2 厘米的速度向外扩张。红海在不断加宽，将来可能成为新的大洋。在这个方面，红海边缘的阿法尔三角地区的两侧海岸线，在几何形态上嵌合部分发生中断，就很能说明问题。大约在 2500 万年前，今天的也门恰好嵌合在劳比亚和索马里之间，经过中心扩张分离，形成了现今的达纳基勒地垒两侧的地壳碎块，成为阿法尔三角地区。

珊 瑚 海

在这个世界上有一个美丽神奇的地方：那里有千姿百态的鱼虾，色彩各异的海贝，身披红绿彩带的鹦鹉鱼在吞咬珊瑚；水晶般透明的喇叭鱼在水面忽东忽西；轻盈细小的雀鳃鱼竟敢对准咬你的手指；神色傲慢的大海龟在陌生人面前也毫不恐慌；水下的珊瑚世界，在阳光照射下，红、黄、蓝各色绚丽多彩，或树枝状，或人脑形，或如柳条，或如花朵，千姿百态，令人神往……

澳大利亚的大堡礁

这个奇幻美丽的地方就叫珊瑚海。

五彩缤纷的珊瑚海位于南太平洋、澳大利亚、巴布亚新几内亚、所罗门群岛、新赫布里底群岛、新喀里多尼亚群岛及南纬 30°之间。它既是最大的海，也是最深的海。它北接所罗门海，南连塔斯曼海，面积达 479.1 万平方千米，最大深度达 9174 米。珊瑚海是太平洋的边缘海。这里曾是珊瑚虫的天下，它们巧夺天工，留下了世界最大的堡礁。众多的环礁岛、珊瑚石平台，像天女散花，繁星点点，散落珊瑚海地处热带，水温终年在 18～28℃间。这里风速小，海面平静，水质洁净，有利于珊瑚生长。它以众多的珊瑚礁而著名。这里，坐落着世界最大的三个珊瑚礁群，这就是大堡礁、塔古拉堡礁和新喀里多尼亚堡礁。

这其中大堡礁最大，它位于澳大利亚东北岸，是一处延绵 2000 千米的地段，面积约 8 万平方千米。这里景色迷人、险峻莫测，水流异常复杂，生存着 400 余种不同类型的珊瑚。这里有世界上最大的珊瑚礁，有鱼类 1500 种，软体动物达 4000 余种，聚集的鸟类 242 种，有着得天独厚的科学研究条件。这里还是某些濒临灭绝的动物物种（如人鱼和巨型绿龟）的栖息地。

大堡礁的大部分礁石隐没在水下，露出海面的成为珊瑚岛。500 多个珊瑚岛，星罗棋布散落在 900 多平方千米的海面上，像一列列城堡，守卫着澳大利亚的东北海防。岛上茂密的热带丛林，郁郁葱葱；旁边有着白银色的沙滩，滩外碧蓝的海水下，可看到五颜六色的珊瑚礁平台。这里阳光充足，空气清新，海水洁净，礁石嶙峋，成了海洋生物的乐园。优美的环境，成了人们旅游观光的好地方。1979 年，澳大利亚将大堡礁辟为海洋公园，许多腰缠万贯的富翁，到这里投资开发。在比较大的岛上，建有机场、港口，络绎不绝的游客，乘飞机、坐游船，来去方便。人们在这里划船、游泳，进行日光浴和沙浴，此外还可以坐在装有玻璃船底的游览艇里，饱览奇妙的海底世界呢。

加勒比海

在北大西洋，有一个以印第安人部族命名的大海，它的名字叫"加勒比海"，意思是"勇敢者"或是"堂堂正正的人"。加勒比海是大西洋西部的一个边缘海，西部和南部与中美洲及南美洲相邻，北面和东面以大、小安的列斯群岛为界。加勒比海东西长约 2735 千米，南北宽在 805～1287 千米之间，总面积约为 275.4 万平方千米，容积约为 686 万立方千米，平均水深约为 2491 米。现在所知的最深点是古巴和牙买加之间的开曼海沟，深达 7680 米，它同时也是世界上深度最大的陆间海。

加勒比海清澈湛蓝的海水，就像高出地面的海洋，构成了一个充满冒险和神秘色彩的乐园。这里有喜欢惹事而又迷人的船长杰克，历经风浪的"黑珍珠"号船……伴随着好莱坞大片《加勒比海盗》的热映，加勒比海这个神秘的海域走进我们的视线。

加勒比海地区

中、南美洲的锯齿形弯曲岸线，把加勒比海区分成几个主要水域：危地马拉和洪都拉斯沿岸外方的洪都拉斯湾；巴拿马近岸的莫斯基托湾；巴拿马科隆附近的巴拿马运河；巴拿马和哥伦比亚边境的达连湾；委内瑞拉北部马拉开波湖口外的委内瑞拉湾；以及委内瑞拉和特立尼达岛之间的帕里亚湾。中美的多数河流都流入加勒比海，但南美的大部分河流都汇合于奥里诺科河，并于西班牙港的正南流入大西洋。加勒比海的主要进出口是尤卡坦与古巴之间的尤卡坦海峡、古巴与伊斯帕尼奥拉之间的向风海峡、伊斯帕尼奥拉与波多黎之间的莫纳海峡、维尔京群岛与马丁海峡之间的阿内加达海峡以及多米尼加岛以北的多米尼加海峡。各个海峡的水深都在 1000 米以上。

同时，加勒比海也是沿岸国最多的大海。在全世界 50 多个海中，沿岸国达两位数的只有地中海和加勒比海两个。地中海有 17 个沿岸国，而加勒比海却有 20 个，包括中美洲的危地马拉、洪都拉斯、尼加拉瓜、哥斯达黎加、巴拿马，南美有哥伦比亚和委内瑞拉，在安的列斯群岛的古巴、海地、多米尼加共和国以及小安的列斯群岛上的安提瓜和巴布达、多米尼加联邦、特立尼达和多巴哥等。

特殊的地理位置使加勒比海在 16 世纪的时候，成为"海盗的天堂"，许多海盗甚至得到他们本国国王的授权在海上公然抢劫。同时，加勒比海上的众多小岛为他们提供了良好的躲藏地，而西班牙运送珠宝的舰队则成为他们的主要攻击对象。

黑　海

　　"黑海"这个名字，源自古希腊的航海家，他们认为黑海海水的颜色比地中海的海水深黑而得名。它原是古地中海的一个残留的很大、很孤立的海盆，由于与外界隔绝的下层海水缺氧，加上细菌的作用使沉积海底的大量有机物腐化分解，久而久之，把海底淤泥也染成了黑色。

　　黑海是欧洲东南部和亚洲之间的内陆海，通过西南面的博斯普鲁斯海峡、马尔马拉海、达达尼尔海峡、爱琴海与地中海沟通。黑海东岸的国家是俄罗斯和格鲁吉亚，北岸是乌克兰，南岸是土耳其，西岸属于保加利亚和罗马尼亚。克里米亚半岛从北端伸入黑海，黑海东端的克赤海峡把黑海和亚速海分隔开来。黑海面积约 420300 平方千米，东西长 1180 千米，从克里米亚半岛南缘到黑海南海岸，最近处 263 千米。东岸和南岸是高加索山脉和黑海山脉，

黑海

西岸在博斯普鲁斯海峡附近，山势稍稍平坦，西南隅是伊斯特兰贾山，往北是多瑙河三角洲，西北和北边海岸地势低洼，仅南部克里米亚山脉在沿岸形成陡崖峭壁。沿岸大陆架面积只占整个水域面积的1/4，经大陆坡到达海底盆地，面积占整个水域面积的1/4。海盆底部平坦，逐渐向中心加深，最深处超过2200米。

同时，黑海还是一个很大的缺乏氧的海洋系统。黑海本身很深，从河流和地中海流入的水含盐度比较低，因此比较轻，它们浮在含盐度高的海水上。这样深水和浅水之间得不到交流，两层水的交界处位于100～150米深处之间。两层水之间彻底交流一次需要上千年之久。在这个严重缺氧的环境中只有厌氧微生物可以生存，它们的新陈代谢释放有毒的硫化氢（H_2S）和二氧化碳。而硫化氢对鱼类有毒害，因而黑海除边缘浅海区和海水上层有一些海生动植物外，深海区和海底几乎是一个死寂的世界。同时硫化氢呈黑色，致使深层海水呈现黑色，其他生物实际上只能生存在200米深度以上的水里。

由于黑海是连接东欧内陆和中亚高加索地区出地中海的主要海路，故其在航运、贸易和战略上的地位非常重要。黑海航道是古代丝绸之路由中亚往罗马的北线必经之路。尤其是对自17世纪开始崛起的沙俄皇朝，黑海和波罗的海均是影响该国对欧洲联系的命脉。近代史中亦有因为抢夺黑海的控制权而引发的战争和军事行动。如著名的克里米亚战争（1853～1856年）等。此外，在黑海沿岸还有许多著名的疗养地和旅游区。

北 海

　　灿烂的阳光，蔚蓝的天空，碧绿的海水，频频掠过船头白色的海鸥……这些绝美的风光就发生在欧洲的北海上。

　　北海是大西洋东部的一个海湾，西面部分地以英格兰、苏格兰为界，东面与挪威、丹麦、德国、荷兰、比利时和法国相邻，南部从法国海岸的沃尔德灯塔，越过多佛尔海峡到英国海岸的皮衣角的连线为界；北部从苏格兰的邓尼特角，经奥克尼和设得兰群岛，然后沿西经0°53′经线到北纬61°，再沿北纬61°纬线往东到挪威海岸的连线为界。北海南部经多佛尔海峡与大西洋相通；北部，经苏格兰与挪威间的缺口，与大西洋及挪威海相接；东部，经挪威、瑞典、丹麦之间的斯卡格拉克海峡和卡特加特海峡，与波罗的海相通。北海，长约965千米，北部宽为580千米，总面积约为60万平方千米，平均水深约为91米，容积约为15.5万立方千米。该海区内几个岛屿共占面积约为73平方千米。

　　北海被认为是陆缘海，即它的整个构造海盆都在大陆地壳上。该海盆在某种程度上，是一个地槽（长条沉积矿床的位置），从前至少有两次折皱成山脉。每一次，这些山脉都被冲刷走，只留下英格兰与大陆之间的浅盆。大约在2.3亿年前，北海周围的陆地都是沙漠，由于蒸发量大，从北方流入的水有限，形成了巨大的蒸发岩沉积。现在，在北海海底和德国、丹麦发现的盐丘和构造，就

是这些蒸发岩的代表。北海海底构造形成的历史，与北海及其邻近国家现正在开发的广阔油田有直接的联系。

当然，北海的海底都属陆架，该海的南半部是水深为 40 米的海台。海底逐渐向北倾斜，到设得兰群岛以西陆架边缘，水深达 183 米左右。绕过挪威南端到陆架边缘以外，为一罕见的海峡（挪威海峡），其深度约为 600 米。一些海洋学家认为该海谷是大陆冰川冲刷形成的。还有其他末次冰期（11000～8000年前）的残迹，那就是海平面低水位和冰川冰碛时遗留下来的河谷状的切割（所谓"冰川冰碛"，就是当冰川融化时，沉积物在冰川前沿进行堆积的产物）。英国和丹麦之间的多格尔沙洲就是一个例子，其水深仅 13 米。海底沉积物主要为冰川砾石、沙和粉沙。其中粉沙到处都有，这是由于受流和浪的作用，重新被搬运的缘故。

与此同时，北海的水环流受到北来的大西洋水和东来的波罗的海水的影响，而从南部多佛尔海峡流入的水则非常少。由于大陆江河（莱茵河、易北河、威悉河、埃姆斯河和斯海尔德河）流入大量淡水，在挪威、丹麦、荷兰和德国等沿岸水域，即使冬季不太冷，也都结冰。而西部，由于入海淡水较少，并受北大西洋海流的影响，即使是严冬也无冰。

白令海

　　白令海位于太平洋的最北方，在阿拉斯加、西伯利亚和阿留申群岛的环抱之中。它是一个扇形海域，是亚洲和美洲相隔的地方，也是美俄两国交界的地方。这片扇形海域是以丹麦航海家维图斯·白令的名字命名的。

　　1725～1743 年，在俄国彼得大帝的授命下，白令曾两次来到这个海区，探测亚洲和美洲是否相连。白令第二次出航时，曾在阿拉斯加南部登陆。但返航时，其所乘船"圣彼得号"不幸触礁沉没，白令和 30 名船员遇难身亡。为了纪念这位航海者，便将这片海域命名为"白令海"。

白令海中的灰鲸

白令海总面积约为230.4万平方千米，平均水深约为1598米，总容积约为368.3万立方千米，最大水深约为4420米。它的海底可分为两个区域，东北半部完全为陆架，是世界上最大的陆架之一。离岸最远可伸到643千米。经白令海峡伸向楚科奇海的地区，陆架浅于200米，使流入北极海盆的海水仅限于表层水。第二个区域为西南半部，由深水海盆组成，最大深度为4420米。海盆的海底非常平坦，水深介于3800～3900米之间，且被两支海脊分隔开。奥利伍托斯基海脊，起自北部，贯穿着整个海盆；另一支为独特的拉特岛海脊，起自阿留申岛弧，按逆时针方向盘绕着海盆。这两支海脊把深水区域分隔成东、西两个海盆。在这深海盆内，还有沉淀得很快的沉积海盆；该海盆在玄武基岩上已覆盖着2000～4000米深的沉积物。

白令陆架还从平坦的海底抬升起几个岛屿，这其中有著名的圣劳伦斯岛、努尼瓦克岛和普里比洛夫群岛。陆架的边缘以4°～5°坡度陡峭地下倾。在阿留申岛链的东南角，陆架深深地被白令峡谷所割裂，该峡谷长度超过161千米，宽度在32千米以上，深深地切入，并有50多条支谷。这可能是世界上最大的海底峡谷了。在峡谷的两侧，到处都有1829米高的谷壁，矗立于平缓倾斜的海底之上。白令陆架的沉积物是由砂和淤积于坡麓的砾石组成。反之，在深海盆却覆盖着硅藻软泥。

除此以外，白令海的海洋生物非常丰富，浮游生物有两个最旺盛的繁殖季节，一个在春季，另一个在秋季。它们主要以硅藻为主，为食物链提供了基本保证，使白令海成为很有价值的渔场的主要是巨蟹、虾和315种鱼类，尤其是其中的25种鱼类，更有经济价值。譬如：虎鲸、白鲸、喙鲸、黑板须鲸、长须鲸、露脊鲸、巨臂鲸和抹香鲸等鲸类都很丰富。普里比洛夫群岛和科曼多尔群岛是海豹的繁殖场，海獭、海狮和海象也众多。

第二章

海洋的骨架

海底地貌

　　如同陆地上一样，海底有高耸的海山，起伏的海丘，绵延的海岭，深邃的海沟，也有坦荡的深海平原。纵贯大洋中部的大洋中脊，绵延 8 万千米，宽数百至数千千米，总面积堪与全球陆地相比。而整个海底世界也并不像人们所想象的或是像表面看起来那样平缓和宁静，相反却是地球上最活跃最动荡不安的地带。地震、火山活动频繁，只不过一切都掩盖在海水之下进行而已。

　　虽然世界各大洋的洋底形态复杂多样、各不相同，但基本上都是由大陆架、大陆坡、海沟、海盆、洋中脊（海底山脉）几个部分组成。现在根据大量的深海测量资料，人们已清楚知道，海底的基本轮廓是这样的：沿岸陆地，

海底地貌立体图

从海岸向外延伸，是坡度不大、比较平坦的海底，这个地带称"大陆架"；再向外是相当陡峭的斜坡，急剧向下直到3000米深，这个斜坡叫"大陆坡"；从大陆坡往下便是广阔的大洋底部了。整个海洋面积中，大陆架和大陆坡占20%。

炽热的地幔物质从洋中脊上升涌出，冷凝形成新的洋底，并推动先形成的洋底向两侧对称地扩张；当洋底扩展移至大陆边缘的海沟处时，向下俯冲潜没在大陆地壳之下，重新返回到地幔中，旧的洋底灭亡。大洋底占80%左右，也可以简单地说，世界大洋的海底像个大水盆，边缘是浅水的大陆架，中间是深海盆地，其深度在2500～6000米之间。

在整个海底世界，宏伟的海底山脉，广漠的海底平原，深邃的海沟，上面均盖着厚度不一、火红或黑的沉积物，把大洋装点得气势磅礴、雄伟壮丽。

那么我们不禁要问：海底是怎样诞生的呢？

有人认为整个地壳大致可分为六大板块，其中又分为大洋板块和大陆板块。大洋板块在地幔上浮动着，高温的地幔物质在洋中脊地区上升，使本已很薄的地壳发生皱裂，于是喷出熔岩，熔岩冷却之后，就形成了新的地壳，于是海底便诞生了。

后来，人们又通过地震波及重力测量，了解到海底地壳的结构与陆地地壳有所不同。原来，海洋地壳主要是玄武岩层，厚约5000米，而大陆地壳主要是花岗岩层，平均厚度33千米。重要的是，大洋底始终都在更新和不断成长，每年扩张新生的洋底大约有6厘米。像这样下去，每经过两三亿年，大洋底就将更新一次。

前面我们已经讲过，在深海中也有如同陆地平原一样的地貌，这就是深海平原。深海平原一般位于水深3000～6000米的海底。它的面积较大，一般可以延伸几千平方千米。深海平原坡度小于1/1000，其平坦程度超过大陆平原。

有了平原，当然也会有高山。海底火山的分布相当广泛，大洋底散布的许多圆锥山都是它们的杰作。

海底火山与平顶山

1963年11月15日，在北大西洋冰岛以南32千米处，海面下130米的海底火山突然爆发，喷出的火山灰和水汽柱高达数百米，在喷发高潮时，火山灰烟尘被冲到几千米的高空。

经过一天一夜，到11月16日，人们突然发现从海里长出一个小岛。人们目测了小岛的大小，高约40米，长约550米。海面的波浪不能容忍新出现的小岛，拍打冲走了许多堆积在小岛附近的火山灰和多孔的泡沫石，人们担心年轻的小岛会被海浪吞掉。但火山在不停地喷发，熔岩如注般地涌出，小

海底火山爆发

岛不但没有消失，反而在不断地扩大长高，经过 1 年的时间，到 1964 年 11 月底，新生的火山岛已经长成。

怀特岛是一座火山岛，它位于新西兰北岛东海岸的普伦蒂湾。新西兰海岸线附近有许多类似的火山岛。海拔 170 米高，1700 米长，这就是苏尔特塞岛。经过海浪和大自然的洗礼，小岛经受了严峻的考验，巍然屹立于万顷波涛的洋面上，而且岛上居然长出了一些小树和青草。

这些奇怪的现象就发生在广袤的海底。如同我们前面提过，在深海中有深海平原，当然也会有高山，而这些就是——海底火山。海底火山的分布相当广泛，大洋底散布的许多圆锥山都是它们的杰作，火山喷发后留下的山体都是圆锥形状。

据统计，全世界共有海底火山约 2 万多座，太平洋就拥有一半以上。这些火山中有的已经衰老死亡，有的正处在年轻活跃时期，有的则在休眠，不定什么时候苏醒又"东山再起"。现有的活火山，除少量零散在大洋盆外，绝大部分在岛弧、中央海岭的断裂带上，呈带状分布，统称海底火山带。太平洋周围的地震火山，释放的能量约占全球的 80%。海底火山，死的也好，活的也好，统称为"海山"。海山的个头有大有小，一两千米高的小海山最多，超过 5 千米高的海山就少得多了，露出海面的海山（海岛）更是屈指可数了。美国的夏威夷岛就是海底火山的产物。它的面积为 1 万多平方千米，上有居民 10 万余众，气候湿润，森林茂密，土地肥沃，盛产甘蔗与咖啡，山清水秀，有良港与机场，是旅游的胜地。夏威夷岛上至今还留有 5 个盾状火山，其中冒纳罗亚火山海拔 4170 米，它的大喷火口直径达 5000 米，常有红色熔岩流出。1950 年曾经大规模地喷发过，是世界上著名的活火山。

海山有圆顶，也有平顶。平顶山的山头好像是被什么力量削去的。其实它是海浪拼命拍打冲刷，年深日久而形成的。比如，在第二次世界大战期间，美国科学家普林顿大学教授 H. H. 赫斯就首次在太平洋海底发现了海底平顶山。

大 陆 架

我们平时生活中所看到的海岸线并不是大陆与海洋的分界线，实际上，在海面以下，大陆仍以极为缓和的坡度延伸至大约200米深的海底，这一部分就是大陆架。它曾经是陆地的一部分，只是由于海平面的升降变化，使得陆地边缘的这一部分，在一个时期里沉溺在海面以下，成为浅海的环境。

大陆架浅海靠近人类的住地，与人类关系最为密切，大量的渔业资源都来自陆架浅海。人类自古以来在这里捕鱼、捉蟹、赶海，享"鱼盐之利，舟楫之便"。随着生产的发展，人们又在这里开辟浴场、开采石油，利用这里的阳光、沙滩和新鲜空气，开辟旅游度假区。可以这样说，大陆架像是被海水淹没的滨海平原，是海洋生物的乐园。我们可以发现许许多多的海洋动植物在此处安居乐业，繁衍生息，就像是另外一个生生不息的人类世界。

说起大陆架，我们就不得不提及大陆坡上的沉积物。

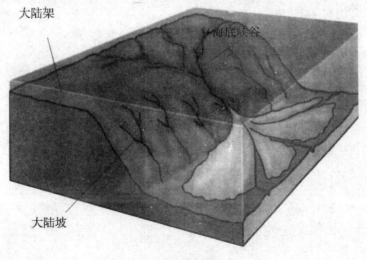

海底大陆架

大陆坡上的沉积物，主要是来自陆地河流的淤泥、火山灰、冰川携带的石块，还有亿万年来海洋生物残体形成的软泥。概括地说，整个大陆坡的面积，约有25%覆盖着沙子，10%是裸露的岩石，其余65%盖着一种青灰色的有机质软泥。这种软泥常常因受到氧化作用而呈栗色，它的堆积速度要比大陆架缓慢得多。在火山活动地带，软泥中夹杂有火山灰，高纬度地区混有大陆水流带来的石块、粗沙等。在热带河口附近，还有一种热带红色风化土构成的红色软泥。

　　而大陆坡上最特殊的地形就是深邃的大峡谷，称为"海底峡谷"。它一般是直线形的，谷底坡度比山地河流的谷底坡度要大得多，峡谷两壁是阶梯状的陡壁，横断面呈"V"形。海底峡谷规模的宏大往往超过陆地上河流的大峡谷。现已发现几百条海底峡谷，分布在全球各处的大陆坡上。

　　虽然世界大陆架总面积约为2700多万平方千米，平均宽度约为75千米，大约只占海洋总面积的8%，但鱼的捕获量却为海洋渔业总产量的90%以上。因为大陆架区域水质肥沃，海水中含有大量的营养盐，加上大陆江河不断地带来溶解进丰富有机物和无机物的淡水，在风浪、潮流的作用下，上、下层海水的混合加快，所以，大陆架得以成为良好的渔场。

海沟和岛弧

陆地上有许多巨大、深邃奇伟的峡谷，但与浩渺大洋深处的海沟相比，它们就自愧不如了。

海沟也叫海渊，是位于海洋中的两壁较陡、狭长的、水深大于6000米的沟槽，而且多半与岛弧伴生。它的宽度在 40～120 千米之间，全球最宽的海沟是太平洋西北部的千岛海沟，其平均宽度约 120 千米，最宽处大大超过这个数，距离相当于北京至天津那么远，听起来也够宽了，但在大洋底的构造里，算是最窄的地形了。

与此同时，海沟不仅是海洋中最深的地方，也是海底最古老的地方。然而它不在海洋的中心，却偏偏安家于大洋的边缘。今天，我们已知的各大洋所拥有的 35 条海沟，其中有 28 条分布在环太平洋带。

和海沟相似的叫做海槽。它比海沟的规模小，深度在 6000 米以内，是相对宽浅、两侧坡度较平缓的长条形洼地。它主要分布在边缘海中。

海沟的孪生"兄弟"叫做岛弧。前面已经提过，海沟和岛弧多是相伴而生。岛弧就是海洋中许多呈弧形分布的岛屿，它分为内岛弧和外岛弧。内岛弧靠陆一侧，是大洋板块与大陆板块接触带，火山和地震集中于此，如西太平洋岛弧。据统计，全世界有

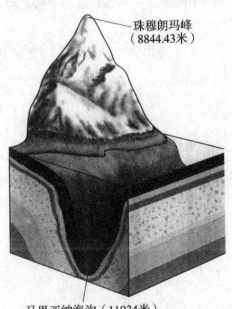

珠穆朗玛峰
（8844.43米）

马里亚纳海沟（11034米）

活火山 500 余座，一半以上集中在该岛弧带；全球地震能量的 95% 也在此释放。频繁的火山活动引起的岩浆喷发，使岛弧带成为世界上矿产最丰富的地区。外岛弧，近大洋一侧，无火山地震带。但它们大多分布于活动的海洋板块边缘，由于处在海洋板块与大陆板块的交界处，受地球板块相互挤压的作用，所以在这些地方地震、火山活动也频繁发生。

太平洋的海沟特别多，从东面、北面和西面围绕着太平洋的边缘，形成了一个马蹄铁的形状。

那么，为什么有海沟出现的地方总也会有岛弧伴其左右呢？

科学家们经过大量的研究认为，岛弧和海沟的平行并存，是大洋板块和大陆板块相互碰撞时，大洋板块倾没于大陆板块之下的结果。如太平洋板块，厚度小而密度大，所处的位置又相对较低，在海底扩张的作用下，与东亚大陆板块相碰撞时，太平洋板块便俯冲入东亚大陆板块之下，从而使大洋一侧出现深度巨大的海沟；同时，大陆地壳的继续运动使它前缘的表层沉积物质相互叠合到一起，形成了岛弧。由于这两种地壳的相对运动速度较大，所以碰撞后形成的海沟深度就大，而岛弧上峰岭的高度也大。因此，可以说岛弧和海沟是在同一种板块运动中形成的，它们有着共同的成因。

洋中脊

人有脊梁，船有龙骨，这是人和船保持一定形态的重要支柱。因而人能立于天地之间，船能行于大洋之上。海洋也有脊梁，大洋的脊梁就是大洋中脊，它决定着海洋的成长，是海底扩张的中心。

洋中脊，又称"中央海岭"。它是一个世界性体系，横贯各大洋，是全球规模最大的洋底山系。从北冰洋开始，穿过大西洋，经印度洋，进入太平洋，逶迤连绵约8万余千米，宽数百至数千千米，总面积堪与全球陆地相比。就好像是大洋的脊梁，任何一条陆地山脉都不能与之相比。

那么世界上的大洋们，它们的洋中脊会是怎样呢？

大西洋中脊贯穿大洋中部，与两岸大致平行（中脊名称由来），中轴为中央裂谷分开，两侧内壁陡峻，两峰嶙峋，蔚为奇观；印度洋中脊犹如"人"字分布在印度洋中部；太平洋中脊位于偏东的位置上。三大洋中脊在南部相互连接，而北端却分别伸进大陆。

这其中大洋们脊的峰是锯齿形的，更为奇特的是，在大洋中脊的峰顶，沿轴向还有一条狭窄的地堑，叫中央裂谷，宽30～40千米，深1000～3000米。它把大洋中脊的峰顶分为两列平行的脊峰。

此外，许多观测表明在中央裂谷一带，经常发生地震，而且还经常地释放热量。这里是地壳最薄弱的地方，地幔的高温熔岩从这里流出，遇到冷的海水凝固成岩。经过科学家研究鉴定，这里就是产生新洋壳的地方。较老的大洋底，不断地从这里被新生的洋底推向两侧，更老的洋底被较老的推向更远的地方。

我们从全球海底地貌图中还可以看到，海底地貌最显著的特点是连绵不断的洋脊纵横贯通四大洋。根据海底扩张假说，洋脊两侧的扩张应是平衡的，大洋洋脊应位于大洋中央，但太平洋洋脊却不在太平洋中央，而偏侧于太平洋的东南部，并在加利福尼亚半岛伸入了北美大陆西侧。显然，从加利福尼亚半岛至阿拉斯加这一段的火山、地震、山系等，难以用海底扩张假说解释其成因。那么，太平洋洋脊为什么偏侧一方，这还有待进一步地探索。

如今，关于洋中脊的形成原理，板块构造学说认为，洋中脊是地幔对流上升形成的，是板块分离的部位，也是新地壳开始生长的地方。不仅如此，洋中脊顶部的地壳热量相当大，还成为地热的排泄口，所以火山活动，地震活动在这里会频繁地发生。

由于冰岛的位置正好处于大西洋的洋脊上，
所以地震和火山频繁出现。

海底热泉

在深不可测的海底上空，耸立着一个个黑色烟囱状的怪物，蒸汽腾腾，烟雾缭绕，烟囱里冒出的烟的颜色大不相同。有的烟呈黑色，有的烟是白色的，还有清淡如暮霭的轻烟……

这是 1979 年美国科学家比肖夫博士等人乘坐"阿尔文"号潜水器在加利福尼亚湾的外太平洋 2500 米深的海底下发现的情景。原来它们就是海底热泉。

海底热泉的高度一般为 2~5 米，呈上细下粗的圆筒状。从"烟囱"口冒出的液体与周围的海水不一样，这里的温度竟然高达 350℃。在"烟囱"区的附近，水温常年也在 30℃ 以上，而一般洋底的水温只有 4℃。更令人吃惊的是，在那些活动热泉附近，甚至聚集了大量的人类不曾认识的新生物种。

它们是这样一群奇特的生物：有血红色的管状蠕虫，像一根根黄色塑料管，最长的达 3 米，横七竖八地排列着，它们用血红色肉芽般的触手，捕捉、滤食水中的食物。这些管状蠕虫既无口，也无肛门，更无肠道，就靠一根管子在海底蠕动生活。但它的体内有血红蛋白，触手中充满血液。有大得出奇的蟹，没有眼睛，却无处不能爬到；又大又肥的蛤，体内竟有红色的血液，它们长得很

海底热泉

快，一般有碗口大；还有一种状如蒲公英花的生物，常常几十个连在一起，有的负责捕食，有的管理消化，各有分工，忙而不乱。在如此高温的大洋底，它们竟也能够生活得其乐融融，科学家们惊讶地称这里为"深海绿洲"。

海底温泉不但养育了一批奇特的海洋生物，还能在短时间内生成人们所需要的宝贵矿物。那些"黑烟囱"冒出来的炽热的溶液，含有丰富的铜、铁、硫、锌，还有少量的铅、银、金、钴等金属和其他一些微量元素。当这些热液与4℃的海水混合后，原来无色透明的溶液立刻变成了黑色的"烟柱"。经过化验，这些烟柱都是金属硫化物的微粒。由于在海水冲击的作用下，烟囱的高度很难无限升高。尤其那些长年不活动的喷溢口，烟囱往往经不住海水的冲击而垮塌。久而久之，形成了含量很高的矿物堆。

如此神奇的海底热泉多在海洋地壳扩张的中心区，即在大洋中脊及其断裂谷中。仅在东太平洋海隆一个长约6千米、宽约0.5千米的断裂谷地，就发现十多个温泉口。在大西洋、印度洋和红海都发现了这样的海底温泉。初步估算，这些海底温泉，每年注入海洋的热水，相当于世界河流水量的1/3。它抛在海底的矿物，每年达十几万吨。这些矿物稍加分解处理，就可以为人们所利用。

海底沉积物

在地中海南岸一个叫突尼斯的地方，它附近的马迪亚海区水下40米处，人们发现有许多埋在淤泥中的大理石柱，据历史学家考证这些东西是2000年前的文物。这一发现公布之后，引起奥地利考古学家的兴趣，他们即刻组织潜水员前往现场考察。在那里，他们发现了一些古代的拱桥和少有的大型建筑。经过进一步研究，认为这是古代的一座城市。

海洋在地球上已存在40多亿年了。在这漫长的地质年代里，由陆地河流和大气输入海洋的物质以及人类活动中落入海底的东西，包括软泥沙、灰尘、动植物的遗骸、宇宙尘埃等，年积月累、日久天长，已经多得无法计算了。

沉没于海底的船只

而在人类历史的长河中，由于海陆变迁、地震、火山、暴潮、洪水和战争等天灾人祸，一些城市、村镇、港口等沉入海底；至于因大风、巨浪、冰山碰撞、海战等原因葬身鱼腹的舰船，那就更多了。科学上就把这些东西统称为海底沉积物。然而伴随着科学与潜水打捞技术的提高，这些沉睡海底的宝藏，迟早要与世人见面。

除了陆源物质形成的沉积物外，大洋深海的沉积物主要来源是在大洋生活的生物。主要是浮游生物的遗骸。由于深水区会使可溶解的矿物质溶解，所以沉到 4000 ~ 6000 米深的洋底，主要是难以溶解的硅质等生物硬体，其主要种类是富含硅质的放射虫和硅藻等。这些深海沉积物称为放射虫软泥和硅藻泥，此外还有抱球虫软泥和翼足虫软泥。放射虫是单细胞原生动物，放射虫软泥主要分布于太平洋和印度洋的热带深海区。翼足虫软泥也分布在热带海区。硅藻是浮游植物，硅藻软泥主要分布在冷水海区，在暖水区也有分布。由于自身形成的沉积物来源很少，所以大洋底 1000 年才增加 1 ~ 2 毫米厚的沉积物。

海底沉积物中有一个显著的例子就是塔里木油田的发现。1995 年 5 月 5 日，新华社报道，我国科学家在塔里木盆地发现巨大的海相生油田。塔里木盆地处祖国大西北内陆，面积约 56 万平方千米，差不多有 4 个山东省那么大。据科学家考证，在 1 亿多年以前，那儿曾是波涛汹涌的海洋。后来，由于喜马拉雅造山运动，将它推俯挤压和抬高，由海洋变为陆地，最后变成一片沙漠。当年在塔里木海洋中，生长茂密的生物群和掩埋在海底的大量沉积物中的有机质，在高压高温和特殊的地层环境中，变成了今天发现的大油田。石油深藏在地下约 5000 米的地方，这 5000 米的地层，有很大一部分就是海底的沉积物，现在也变成了岩石或化石。

海 岸

一提起海岸，人们便会想到悬崖、沙滩，想到白沫飞溅、惊涛拍岸，想到一轮赤红的太阳从靛蓝的海面升起的壮观景象。

那么海岸是什么？通俗地说，海岸是临接海水的陆地部分。进一步说，海岸是海岸线上边很狭窄的那一带陆地。总之，海岸是把陆地与海洋分开同时又把陆地与海洋连接起来的海陆之间最亮丽的一道风景线。但是，它不是一条海洋与陆地的固定不变的分界线，而是在潮汐、波浪等因素作用下，每天都在发生变动的一个地带。它形成于遥远的地质时代，当地球形成，海洋出现，海岸也就诞生了。蜿蜒曲折的海岸线经历了漫长的沧桑变化，才形成今天的模样。

说到这里我们要了解一下海岸线的形成。海岸线是陆地与海洋相互交汇的地带，是岩石圈、大气圈、水圈和生物圈相互影响的叠合地带。世界海洋面积巨大，岛屿分布星罗棋布，就造成了海岸曲折复杂。在海浪、气候等因素的影响下，海岸线时刻都在发生着变化。

一般而言，有了美丽的海岸，海滩当然也是不可缺少的一部分。海滩通常在海岸地段，是由波浪的沉积作用形成的。海滩可由泥、沙、石子这些沉积物组成，也可以由它们混合组成。在海浪的撞击下，海岸的部分岩石裂开，落下一块块大圆石。大圆石裂成小圆石，接着变成碎石，最后散成细细的沙子。海浪冲刷海岸时，常常将沙粒、碎石等带到海边，这些沉淀物慢慢在海边铺开，有的还变成了沙滩。

知道了海岸的基本构成，了解海岸的地貌特征也同样重要。世界各地海岸的形态千差万别，有的海岸陡峭曲折，有的海岸则比较平缓。海岸的升降运动是造成这种形态的主要原因。由于地壳运动等原因，有的海岸发生下沉，

红树林海岸

海水漫上大陆，淹没平原、河谷、山沟，使从前的高山峻岭变成海滨的悬崖峭壁，形成了险峻的深水港湾。与此相反，有的海岸地势升高，潮位线就会后退，一部分浅海沙滩就会升出水面，从而形成平缓的海岸。所以海岸的地貌也是千姿百态，类型多种多样的。我们根据海岸动态可分为堆积海岸和侵蚀性海岸；根据地质构造划分为上升海岸和下降海岸；根据海岸组成物质的性质，可把海岸分为岩石海岸、砂砾质海岸、淤泥质海岸、红树林海岸。

这其中根据海岸组成物质的性质的划分应引起我们的格外重视。

就岩石海岸而言，构成海岸的岩石种类是决定海岸地形的主要因素。坚硬的岩石，例如花岗岩、玄武岩和某些砂岩，比较能够抵抗海水的侵蚀，所以往往形成高峻的海岬和坚固的悬崖，使植物得以附着在上面生长。砂砾质海岸包括砂质海岸和砾石海岸。砂质海岸主要分布在山地、丘陵沿岸的海湾。山地、丘陵腹地发源的河流，携带大量的粗砂、细砂入海，除在河口沉积形成拦门沙外，随海流扩散的漂砂在海湾里沉积成砂质海岸。而潮滩上下堆积大量碎玉般石块的海岸称为砾石海岸。它在我国分布较广，多在背靠山地的海区。辽东半岛、山东半岛、广东、广西及海南都有这种海岸分布。辽东半岛西南端的老铁山沿海断续分布着以石英岩为主的砾石海岸。在山东半岛，许多突出的岬角附近都有砾石海岸出现。淤泥质海岸是由淤泥或掺杂粉沙的淤泥组成，多分布在输入细颗粒泥沙的大河入海口沿岸。西欧的荷兰和中国的渤海湾沿岸是世界上最著名的淤泥质海岸。红树林海岸是由耐盐的红树林植物群落构成的海岸。红树林分布在低平的堆积海岸的潮间带泥滩上，特别在背风浪的河口、海湾与沙坝后侧的泻湖内最易发育。它常常沿河口、潮水沟道向内陆深入数千米。

更为让人惊奇的就是晶莹洁白的冰雪海岸。在遥远的南极和北极，映入眼帘的是茫茫的冰盖和雪原，那里是冰雪世界。南极洲和北冰洋的海岸十分奇特，在那里很难见到泥沙、岩石，连绵不绝的是由晶莹、洁白、纯净的冰雪组成的海岸。

除此以外，随着科学技术和经济社会的发展，人们驾驭、改造和利用自然的能力也不断加强。人工海岸，即改变原有自然状态完全由人工建设的海岸，规模越来越大。盐场海堤成为雄伟的人工海岸；大规模的海水养殖业也

人工海岸

使海岸的面貌发生巨变；海港码头，也是典型的人工海岸；围海造地在我国同样有悠久的历史，为工业用地和城建用地而围海也要先修建拦海大坝，形成人工海岸。

现代社会，全世界一半以上的人口，生活在临近海岸的地带，他们创造着60%以上的物质财富。因此可以说海岸是人类繁衍、生活，从事劳动、生产的重要地区。亿万人在海岸地带生息，与海岸相依相伴；同时美丽富饶的海岸使亿万人民和沿岸国家、地区从贫穷落后走向富足和繁荣。

然而与此同时，我们的海岸也面临着巨大的威胁。人们在海岸边建造旅馆，乱扔杂物，把石油和垃圾倾倒在沿岸的海水中，使海滩处于岌岌可危的状态。旅游区的噪声和强光扰乱了栖居在海滩上的鸟类和爬行动物的生存环境……所有的这一切问题，我们都应该重视起来。保护我们的海岸，保护我们的家园，将成为我们人类时刻不能松懈的任务。

海峡与海湾

广袤浩瀚、碧波万顷的海洋上，分布有"海洋咽喉"之称的海峡。在海洋的边缘，又分布着众多水深浪小、有"船舶之家"之称的海湾。海峡与海湾是自然地理的重要组成部分，也与人类社会的生活息息相关。

海峡是指两块陆地之间连接两个海或洋的较狭窄的水道。它一般深度较大，水流较急。由于地理位置特殊，海峡往往都是水上重要的交通枢纽，因此它在交通和战略上具有重要意义。著名的海峡有很多，其中有马六甲海峡、直布罗陀海峡、白令海峡等。

位于马来半岛和苏门答腊岛之间的马六甲海峡，因马来半岛南岸古代名城马六甲而得名。海峡西连安达曼海，东通南海，长约1080千米，连同出口处的新加坡海峡全长为1185千米，它是连接太平洋和印度洋的重要海上通道，也是世界上最重要的洋际海峡。

直布罗陀海峡

被誉为欧洲"生命线"的直布罗陀海峡也毫不逊色。"直布罗陀"一词源于阿拉伯语，是"塔里克之山"的意思，它位于欧洲伊比利亚半岛南端和非洲西北角之间，全长约90千米。该海峡是沟通地中海和大西洋的唯一通道，是连接地中海和大西洋的重要门户。

在这里值得一提的还有霍尔木兹海峡。它是连接波斯湾和印度洋的海峡，它也是唯一一个进入波斯湾的水道。海峡的北岸是伊朗，南岸是阿曼，海峡中间偏近伊朗的一边有一个大岛叫作格什姆岛，隶属于伊朗。如今的霍尔木兹海峡是全球最繁忙的水道之一，波斯湾沿岸地区是世界上石油蕴藏和生产量最大的地区，因此该海峡又被称为"西方世界的生命线"。

此外还有莫桑比克海峡。它位于非洲大陆东南岸同马达加斯加岛之间，呈东北西南走向，全长1670千米，是世界最长的海峡。海峡两岸的主要港口有科摩罗的莫罗尼、莫桑比克的纳卡拉、莫桑比克、贝拉、马普托等。

比起海峡，海湾的形式也是多种多样。我们通常将延伸入大陆，深度逐渐减少的水域称为海湾。简单地讲，海湾就是海和洋伸进陆地的部分，它对调节气候和海洋运输有很重要作用。这其中比较著名的海湾有几内亚湾、阿拉伯海，还有我国的大连湾、胶州湾、北部湾。北部湾是我国最大的海湾。然而世界上最大的海湾却是隶属印度洋的孟加拉湾，其面积为217万平方千米，是印度洋向太平洋过渡的第一湾，也是两大洋之间的重要海上通道。在它沿岸的重要港口有加尔各答、马德拉斯和吉大港等。

岛　屿

有一位老航海家曾经说过："海洋里的岛屿，像天上的星星，谁也数不清。"也有人说："海上的每一个岛屿就像是一颗闪闪发光的珍珠，都是无价的宝贝。"可见，岛屿——这些海上的明珠，数量不仅多，而且宝贵。

岛屿是比大陆小而完全被水环绕的陆地。它是对海洋中露出水面、大小不等的陆地的统称。在河流、湖泊和海洋里都有，面积从很小的几平方米到非常大达几万平方千米不等。事实上，岛与屿是有所不同的，岛的面积一般较大，屿是比岛更小的海洋陆块。但平时人们常把岛和屿连起来，用于泛指各种大小不同的海洋中的陆地。此外，人们还常用礁、滩来称呼它们，露出水面的叫岛礁，隐伏在水下的叫暗礁。暗礁是航船危险的障碍，船在海洋航行，如果触到了暗礁，就会造成沉船的灾难。

总的来说，世界岛屿面积约占陆地总面积的7%，而最大的岛屿是北美洲东北部的格陵兰岛。

除了最大的岛屿外，还有许多富有特色的岛屿。比如千姿百态的火山岛、冰岛、风光旖旎的珊瑚岛和神秘的复活节岛等。

火山岛是海底火山喷发物质堆积，并露出海面而形成的岛屿。海岛形成后，由于长年的风化剥蚀，岛上岩石破碎成土壤，开始生长动植物。冰岛不但寒冷多雪，还是世界上火山活动最活跃的地区。全岛火山有200多处，其中活火山约30座，历史上有记载的火山喷发活动就有150多次。

珊瑚的石灰质骨骼加上单细胞藻类的残骸以及双壳软体动物、棘皮动物的甲壳，日积月累，就形成了珊瑚礁和珊瑚岛。那里主要有三种珊瑚礁：岸礁、环礁、堡礁。珊瑚岛主要分布在太平洋和印度洋近赤道地带的热带水域。那里风光美丽，景色宜人。

智利附近的南太平洋上，有一个孤零零的小岛。它就是神秘的复活节岛。1722 年，罗格文将军带领一帮人登到岛上，发现岛上耸立着许多石雕人像，它们背靠大海，面对陆地，排列在海岛的岸边上。每个石像形态不同，大小也不一样。这些石像是如何来的，至今还是一个谜。

　　由于岛屿是被隔离的陆地，所以岛屿上的动植物非常有特色。往往是其他地方没有发现的动植物种的栖息地，人们称这些物种为特有物种。

世界上最大的岛屿格陵兰岛

群岛和半岛

如果说一个岛屿就是一颗明珠，那么群岛就可以称得上是珍珠项链了。彼此相距很近的许多岛屿合称为群岛，如马来群岛、西印度群岛等。

除此以外，坐落在中国长江口东南海面的舟山群岛，是中国最大的群岛，素有"海上仙山"的美称。这里岛礁众多，星罗棋布，共有大、小岛屿1339个，约相当于我国海岛总数的20%。舟山群岛的主要岛屿有舟山岛、岱山岛、朱家尖岛、六横岛、金塘岛等，其中，面积约为502平方千米的舟山岛最大，它是我国第四大岛。

比较著名的还有加拉帕戈斯群岛。加拉帕戈斯群岛由19个火山岛组成，从南美大陆延入太平洋约1000千米，被人称作"独特的活的生物进化博物馆和陈列室"。这里生存着一些不寻常的动物物种。例如陆生鬣蜥、巨龟和多种类型的雀类。1835年，查尔斯·达尔文参观了这片岛屿后，从中得到感悟，

加拉帕戈斯群岛

为进化论的形成奠定了基础。群岛的名字"加拉帕戈斯"源于西班牙语"大海龟"之意。由于远离大陆，这里的动物以自己固有的特色进化着。

相对群岛而言，半岛是伸入海洋或湖泊中的陆地，三面临水，一面与陆地相连，如阿拉伯半岛、中南半岛等。半岛面积大小不一；伸入海洋的长度有长有短；形状各异，楔状、条状和不规则形；成因也不同，有山地隆起型、陷断型、泥沙堆积型、火山熔岩堆积型等。中国的半岛分布于东部和南部，其中又以山地海岸为多。著名的半岛有辽东半岛、山东半岛、雷州半岛、九龙半岛等。

在所有的半岛中，位于亚洲西南部的阿拉伯半岛是世界最大的半岛。它的面积约 300 万平方千米，包括沙特阿拉伯、也门、科威特等 7 个主权国家的领土。半岛上矿产丰富，是世界上石油、天然气蕴藏最丰富的地区之一。

在欧洲，曲折蜿蜒的海岸线，如繁星般多的半岛，使它素有"半岛的大陆"的称号。其中，面积超过 10 万平方千米的半岛有 5 个：北欧的斯堪的纳维亚半岛（世界第五大半岛），面积约 5 万平方千米；西南欧的伊比利亚半岛；东南欧的巴尔干半岛；南欧的亚平宁半岛；北欧的科拉半岛。

在南极洲也有一个大半岛，它是位于南极大陆威德尔海与别林斯高晋海之间的南极半岛，面积约有 18 万平方千米，是一个多山的半岛。南美洲和大洋洲虽然也有半岛，但面积都很小。

夏威夷群岛

夏威夷群岛实在是个梦幻般的地方。

这里的天空和海水都是最最澄澈的颜色，棉花糖一般洁白松软的云朵总在天上不紧不慢地悠着，习习的微风怡人得像豆蔻少女投来的回眸一笑。一年四季各种奇花异草张扬地开满路边，还不甘心地散出甜香充溢在人们的口鼻之间。金灿灿的沙滩在菠萝树、棕榈树的点缀下平平地直铺入海浪深处，散布在岸边的五彩洋伞下面飘散出美酒的醇香和悠扬的乐声⋯⋯

如此浪漫美丽的夏威夷群岛位于海天一色、浩瀚无际的中太平洋北部，是美国唯一的岛屿州。由夏威夷、毛伊、瓦胡、考爱、莫洛凯等 8 个较大岛屿和 100 多个小岛组成，就像一串光彩夺目的珠链在白云悠悠、海水深碧的茫茫大洋上熠熠生辉，逶迤 3200 千米。美国著名作家马克·吐温曾盛

夏威夷

赞夏威夷群岛为"大洋中最美的岛屿","是停泊在海洋中最可爱的岛屿舰队"。

的确，夏威夷不仅有海浪、沙滩、火山、丛林的大自然之美，而且因地处太平洋中央，扼美、亚、澳三大陆的海空交汇中心，具有十分重要的战略地位。它地处太平洋心脏地带，是太平洋上的交通要冲。它向南至大洋洲的斐济首都苏瓦约 5000 千米，向东到美国西海岸的圣弗兰西斯科近 4000 千米，向西到日本的横滨约 6300 千米，向北到阿拉斯加约 4000 千米，而且中间几乎没有什么岛屿可靠。因此，夏威夷群岛的地理位置和战略地位就显得特别重要，素有"太平洋的十字路口"和"太平洋心脏"之称。

由于夏威夷群岛是太平洋怀抱中的群岛，而且是从太平洋的中部崛地而起的。所以关于它的形成有两种说法：一种是热泉说，太平洋板块在夏威夷热泉的上方缓慢移动，就好像是一张纸在一根点燃的蜡烛上移动，移到哪里，哪里就开始喷发火山，形成火山岛。另一种是板块裂缝说，夏威夷这样的系列岛屿链，是沿太平洋板块中部的裂缝生成的。

另外，说起夏威夷，人们就会想起草裙舞。而在夏威夷，无论男女都跳草裙舞，跳舞时，男性只缠着一条腰带，女性则不着上装。传说中第一个跳草裙舞的是舞神拉卡，她跳起草裙舞招待她的火神姐姐佩莱，佩莱非常喜欢这个舞蹈，就用火焰点亮了整个天空。自此，草裙舞就成为向神表达敬意的宗教舞蹈。现在，它已经变成用尤克里里琴伴奏的娱乐性舞蹈，观赏草裙舞成了游客游览夏威夷的保留节目。

冰　岛

　　冰岛的名称原意是"冰的陆地"，中文意译为"冰岛"。它位于大西洋北部接近北极圈的地方，属于欧洲范围，是西北欧地区的一个岛国，面积约103 106平方千米。这个岛国约有75%是海拔400米以上的高原，最高的华纳达尔斯火山海拔2119米，其余为平原低地。被冰雪覆盖的面积约占全国面积的13%，境内有许多冰川（冰河），其中最著名的为东部的瓦特纳冰川，是欧洲最大的冰川。

　　由于冰岛位于北半球的高纬度地区，每年的冬季，太阳照射的时间非常短，人们过着漫漫长夜的生活；夏天相反，好像太阳总在头顶转圈圈，天还未完全黑又亮了起来。在每年10月前后一段时间里，夜晚可以看到北极方向发出闪耀的极光。

　　冰岛不但寒冷多雪，还是世界上火山活动最活跃的地区。全岛有火山200

冰岛有着丰富的水资源，岛上有许多著名的喷泉、瀑布

多处，其中活火山约 30 座，历史上有记载的火山喷发活动就有 150 多次。现在的冰岛，11% 的地面被火山熔岩覆盖着。因此，冰岛又被人们称为"冰与火共存的海岛"。不但岛上有火山，附近海底也经常有火山喷发。1963 年冰岛附近的海洋上发生一起火山喷发，形成了一个小岛，冰岛人给它起了个名字，叫瑟特塞火山岛。

火山活动的地方，温泉也很多。冰岛目前约有 800 多处温度较高的温泉，这些温泉水温多数在 75℃ 左右，最高的 110℃ 以上，它们不停地向地面涌出热水和蒸汽。到了冬天，在首都雷克雅未克城的四周上空大雾弥漫，那就是温泉冒出的水汽，所以人们称雷克雅未克城是"冒烟的城市"，但那不是烟，而是水蒸气。

尽管是"冰的陆地"，可冰岛却是个富国，在那里人民过着富裕的生活。它的富裕主要是靠渔业、水力和地热三项资源。渔业生产是冰岛经济的支柱产业，国家经济的收入，有百分之七八十靠出口渔产品。水力资源也是冰岛的优势之一。冰岛降水量较大，地形坡度大，河流湍急，蕴藏着很大水能，如果全部开发利用，每年可生产 300 多亿度电能，而现在只开发了 10% 左右。冰岛地热能蕴藏量比水能还要大，如果全部利用起来，每年能发电 800 多亿度，而现在只开发利用了约 7%。需要提出的是，水力和地热是干净的能源，而且在可见的将来能够永久利用。因此，现已有人设想，在冰岛大力开发水能和地热能，通过海底电缆输送到英国和欧洲大陆。那时，冰岛将会得到取之不尽，用之不竭的财富。

冰岛的旅游资源，尤其是温泉更具有它的特色。如世界闻名的吉赛尔间隙大喷泉，喷口处直径达 2 米多，每隔 6 小时左右喷发一次，喷出的水柱冲天而上，并发出声响，非常壮观。此外，冰岛还拥有良好的旅游设备，优质的服务条件和冰岛人的纯朴热情。因此，冰岛每年吸引了七八万游客到此旅游。

合恩角

　　在大西洋和太平洋相交界的一个地方，这里地处两大洋纵深地带，临近南极圈，冷暖气流交汇。附近的海域终年被大雾所笼罩，暴雨、冰雹、飓风恶浪及巨大的海涛轰鸣声几乎每天都在上演。这所有的一切都令航海者胆战心惊。因为从这里出发驶往南极，是最近便的水路，所以多年来，不少航海者和探险家从这里前往南极考察探险。由于风暴异常，海水冰冷，航行条件十分恶劣，从17世纪到19世纪中叶，已有500余艘船只在此沉没，2万余人丧生……而这个地方就是有着"海上坟场"之称的——合恩角。

　　合恩角，位于南美洲的最南端，通过这里的经线是大西洋和太平洋的分界。从地图上看，南美洲大陆恰似一个锋利的锥体，直插南极大陆，合恩角

合恩角

就是锥体的最尖端。高 395 米，它的右面是浩瀚的大西洋，左面是一望无际的太平洋，它宛如一位威武的斗士，屹立在茫茫的两大洋的前哨，距离火地岛以南约 113 千米。它的北面是比格尔海峡，南面直到南极半岛，有一条宽约 900 千米的水道，称作德雷克海峡。

合恩角离南极洲很近，捕鲸的活动曾是这一带的重要事业。在这里可以见到用鲸肋骨做成的"栅栏"，在穷人家里还有用鲸椎骨做的小凳。在 1914 年巴拿马运河通航以前，这里是大西洋与太平洋之间航行的必经之路。现在经过巴拿马运河比绕道合恩角缩短了 1 万多千米的航程，但是船只通过运河不仅受到吨位限制，而且要等待开启船闸，费时间太多，所以"人工海峡"还不能完全代替天然海峡的作用。

在合恩角的附近有一个名字叫"火地岛"的小岛。传说是在麦哲伦环球航行的过程中，在他穿过后人称谓的"麦哲伦海峡"的时候，看到南侧的岛屿上到处有印第安人燃烧的篝火，便给这个岛屿起名叫"火地岛"。而合恩角就处在火地岛的南端，在南极大陆未被发现以前，这里被看作是世界陆地的最南端。

火地岛的气候变化无常，有时从大西洋海面刮来的飓风时速达到 150 千米，一时间飞沙走石，天昏地暗。然而更多的时候火地岛是宁静美丽的，境内高山耸峙，河渠纵横，蓝天大海映着山顶的积雪和山谷的冰川，山腰间林木苍翠，山脚下牧草丰美。奇异的风光和神秘的色彩，使这里成了别具一格的旅游胜地。

第三章

海洋之声

海　浪

　　海浪就像是大海跳动的"脉搏"，周而复始，永不停息。平静时，微波荡漾，浪花轻轻拍打着海岸；"发怒"时，波涛汹涌，巨浪击岸，浪花飞溅，发出雷鸣般响声。正因为有了海浪，大海才显得生机勃勃，令人神往。

　　而最初，一朵朵美丽的、小小的浪花，就像大海上的精灵。它是由水薄膜隔开的气泡组成的。在淡水中气泡相互靠近、融合，而在咸水中气泡相互排斥、分离。在咸水中形成的气泡比淡水中更细小，存在的时间也更长些。气泡上升到海面时破裂，并将咸水珠抛到比气泡直径大千倍的高处，于是就产生了浪花。

海浪

其实这一切都是风在推波助澜，海浪是风在海洋中造成的波浪，包括风浪、涌浪和海洋近岸波等。通常它们的波长为几十厘米至几百米，周期为 0.5 ~ 25 秒，波高几厘米至 20 多米，特殊情况下波高可超过 30 米。

首先是风浪。人们常说"无风不起浪"，风直接推动着海浪，同时出现许多高低长短不等的波浪，波面较陡，波峰附近常有浪花或大片泡沫，这就是风浪的形成。

其次是涌浪。风浪传播到风区以外的海域中所形成的波浪便是涌浪。它具有较规则的外形，排列比较整齐，波峰线较长，波面较平滑，略近似正弦波。在传播中因海水的内摩擦作用，能量不断减小而逐渐减弱。

最后的是海洋近岸波。它是风浪或涌浪传播到海岸附近，受地形的作用改变波动性质的海浪。随海水变浅，其传播速度变小，使波峰线弯转，渐渐和等深线平行，波长和波速减小。在传播过程中波形不断变化，波峰前侧不断变陡，后侧不断变得平缓，波面变得很不对称，以至于发生倒卷破碎现象，且在岸边形成水体向前流动的现象。一般，海浪冲击陡峭的岩岸，在斜斜的砂砾或泥质的海岸边形成卷波或崩波。

虽然海浪很常见，但它对海上航行、海洋渔业、海战都有很大的影响。海浪能改变舰船的航向、航速，甚至产生船身共振使船体断裂，破坏海港码头、水下工程和海岸防护工程，影响雷达的使用、水上飞机和舰载机的起降、水雷布放、扫雷、海上补给、舰载武器使用和海上救生打捞等。

不仅如此，海浪还蕴藏着巨大的能量。据测试，海浪对海岸的冲击力达每平方米 20 ~ 30 吨。当海浪波高 3 米时，10 平方千米海面的海浪所具有的波浪能，就相当于我国新安江水电站所具有的电能——66 万千瓦。虽然海浪的力量是巨大的，但对于广阔的大海来说它仍然是渺小的。比如说一个波高为 10 米，波长为 200 米的波浪，在 200 米深处，它的振幅减小到 10 毫米，也就是说海面上波高为 10 米的巨浪，到 200 米深处只不过引起 2 厘米的波动而已。所以尽管海面上会出现惊涛骇浪，但在大洋的深处，仍然是一个平静的世界。

潮　汐

世界上有两大涌潮景观地：一处在南美洲亚马孙河的入海口；另一处则在中国钱塘江北岸的海宁市。

每年农历八月十八，在浙江海宁的海潮最有气魄。因钱塘江口呈喇叭形，向内逐渐浅窄，潮波传播受约束而形成。潮头高度可达 35 米，潮差可达 89 米，蔚为壮观。但南美的亚马孙河口的涌潮，比我国钱塘江大潮还要壮观。

众所周知，潮起潮落是大海的正常现象，是海水重要的运动形式。而在所有的海水运动形式中，最早被人们注意到的就是潮汐。

大海中的海水每天都按时涨落起伏变化。古时，人们把白天的涨落称为"潮"，夜间的涨落叫作"汐"，合起来叫作"潮汐"。潮汐现象使海面有规律地起伏，就像人们呼吸一样。潮起时，海面波涛汹涌，翻腾着的浪花击打着岸边的岩石，犹如一位凯旋的将军带着千军万马归来，波澜壮阔；潮落时，海面风平浪静，轻柔退去的浪花抚摸着金黄色的细沙，奇形怪状的礁石，都显露出来。

那么如此神秘的潮汐是怎样形成的呢？

潮汐是海水受太阳、月亮的引力作用而形成，引力会引起海平面的变化。在地球面向月球的一面引力最大，能产生高潮；在地球背离月球的一面引力最小，海水向背离月球方向上涨，也能产生高潮。

从某一时刻开始，海水水位（潮位）不断上涨，这一过程叫涨潮；海水上涨到最高限度，就是高潮；这时，在短时间内，海水不涨也不落，叫平潮；平潮之后，海水开始下落，这叫"退潮"；海水下落到最低限度，即低潮；在一个短时间内出现不落不涨，这叫"停潮"。停潮过后，海水又开始上涨。如此周而复始。

涨潮

退潮

这期间，海洋的潮汐就像太阳的东升西落一样，天天出现，循环不已，永不停息。此外，在海水的一涨一落中还蕴藏着巨大的能量。潮汐能的大小随潮差而变，潮差越大，潮汐能越大。例如在1000平方米的海面上，当潮差为5米时，其潮汐能发电的最大功率为550千瓦；而潮差为10米时，最大发电功率可达22000千瓦。据专家们估计，全世界海洋蕴藏的潮汐能的年发电量可达33480万亿度。因此，人们将潮汐能称为"蓝色的煤海"。世界上最早的潮汐电站是法国的朗斯发电站。

潮汐不仅仅为人类提供巨大的能源，在历史上潮汐与战争也有着密不可分的关系。

掌握潮汐发生的时间和高低潮时的水深是保障舰船航行安全，进出港口、通过狭窄水道及在浅水区活动的重要条件，也是建设军港码头、水上机场，进行海道测量、布雷扫雷、救生打捞，构筑海岸防御工事，组织登陆、抗登陆作战和水下工程建设等必须考虑的重要因素。在著名的诺曼底登陆中，盟军在制定登陆计划时，考虑到潮汐的因素，陆军选择在高潮登陆，海军选择在低潮间登陆，由于五个滩头的潮汐不尽相同，所以规定五个不同的登陆时刻。

海　流

海流又称洋流，它是海水沿一定途径的大规模流动。海流就像陆地上的河流那样，长年累月沿着比较固定的路线流动着，不过，河流两岸是陆地，而海流两岸仍是海水。海流遍布整个海洋，既有主流，也有支流，不断地输送着盐类、溶解氧和热量，使海洋充满了活力。

海流在大洋中流动的形式是多种多样的，除表层环流外，还有在下层偷偷流动的潜流，由下往上的上升流，向底层下沉的下降流，海流水温高于周围海温的暖流，水温低于流经海域的寒流，水流旋转的涡漩流，等等。

世界上最大的海流，有几百千米宽，上千千米长，数百米深。大洋中的海流规模非常大，而且还并不都是朝着一个方向流动的。打开一张海流图，你会发现，上面那些像蚯蚓般的曲线，都代表着海水流动的大致路线。它们首尾相接，循环不已，这就是大洋表层的环流，我们形象地把它比喻为"海洋的血液"。正因为有洋流的运动，南来北往，川流不息，对高低纬度间海洋热能的输送与交换，对全球热量平衡都具有重要的作用。从而调节了地球上的气候。

在这中间，最为著名的便是墨西哥湾（暖）流。因为它不是一股普通的海流，而是世界上第一大海洋暖流。墨西哥湾流虽然有一部分来自墨西哥湾，但它的绝大部分来自加勒比海。它的流量相当于全世界河流量总和的120

洋流中有着丰富的海洋生物资源

倍，每年供给北欧海岸的能量，大约相当于在每厘米长的海岸线上得到600吨煤燃烧的能量，像一条巨大的暖气管，供应巨量的热，这就使得欧洲的西部和北部的平均温度比其他同纬度地区高出16~20℃，甚至北极圈内的海港冬季也不结冰。

黑潮是世界大洋中第二大暖流。黑潮像一条海洋中的大河，宽100~200千米，深400~500米，流速每小时3~4千米，流量相当于全世界河流总流量的20倍。它携带着巨大的热量，浩浩荡荡，不分昼夜地由南向北流淌，给日本、朝鲜及中国沿海带来雨水和适宜的气候。

除此以外，还有一种缓慢爬升的海流。

秘鲁位于太平洋的东南岸，海岸线长达2200米，是世界著名的渔业大国。秘鲁能拥有如此丰富的渔业资源，得益于海流。不过，不是大洋环流，是一种在垂直方向上流动的海流，叫作上升流。由于上升流的速度太小，大约每秒钟只上升千分之一厘米，每天大约上升不足1米，不容易被察觉出来。上升流能把海洋下层的水带到海面上来，所以在有上升流的地方，海水的温度比周围低些，在夏季或是热带海域，能比周围低5~8℃；盐度比周围海水也要显著高些。

马尾藻海

有这么一个被众多航海家称之为"魔鬼之海"的海域，它是一个"洋中之海"，四周都是广阔的洋面。在众多流传的故事中，它被形容为一个巨大的陷阱，经过的船只会被带有魔力的海藻捕获，陷在海藻群中不得而出，最终只剩下水手的累累白骨和船只的残骸……而百慕大三角作为这一海域上最著名的神秘地带，被称为"海洋上的坟地"。它就是令人谈之色变的——马尾藻海。

马尾藻海是大西洋中一个没有岸的海，面积约 520 万平方千米，相当于阿根廷面积的两倍。1492 年，哥伦布横渡大西洋经过这片海域时，船队发现

马尾藻海表面被马尾海藻严严实实地遮盖着

前方视野中出现大片生机勃勃的绿色，他们惊喜地认为陆地近在咫尺了，可是当船队驶近时，才发现"绿色"原来是水中茂密生长的马尾藻。马尾藻海围绕着百慕大群岛，与大陆毫无瓜葛，所以它名虽为"海"，但实际上并不是严格意义上的海，只能说是大西洋中一个特殊的水域。墨西哥湾暖流在其西，北大西洋暖流在其北，加那利寒流在其东，北赤道暖流在其南，约3200千米长，1100千米宽。

马尾藻海最明显的特征是透明度大，是世界上公认的最清澈的海。一般来说，热带海域的海水透明度较高，达50米，而马尾藻海的透明度达66米，世界上再也没有一处海洋有如此之高的透明度。所谓海水透明度，是指用直径为30厘米的白色圆板，在阳光不能直接照射的地方垂直沉入水中，直至看不见的深度。

在马尾藻海这片空旷而死寂的海域，几乎捕捞不到任何可以食用的鱼类，海龟和偶尔出现的鲸鱼似乎是唯一的生命，此外就是那些疯狂滋长的马尾藻。

马尾藻是一种最大型的藻类，是唯一能在开阔水域上自主生长的藻类。这种植物并不生长在海岸岩石及附近地区，而是以大"木筏"的形式漂浮在大洋中，直接在海水中摄取养分，通过分裂成片再继续以独立生长的方式蔓延开来。

与此同时，由于马尾藻海的海水稳定，且表层的海水几乎不与中层和深层的海水对流，因而它的浅水层的养料便无法更新。这样一来，就不利于浮游生物在这一海区繁殖生长，因此在这里的浮游生物较少，同时以浮游生物为食物的海兽和大型鱼类也无法生存，于是这一海域就显得毫无生气，死气沉沉。

在航海家眼中，马尾藻海是海上荒漠和船只的坟墓。原来其地理位置恰好处于大西洋北部环流的中心，因此，它像台风眼无风一样，是一个风平浪静、水流微弱的海区。正是因为这种原因，才会使古老的、依赖风和洋流助动的船只在这片海域寸步难行。

水 循 环

中国古诗中有"山雨欲来风满楼"的佳句。刮风下雨像一对孪生兄弟，总是相伴而行。那么，地球上的风雨是从哪里来的呢？

不同的风雨，各有不同的成因和来源。但是，从地球宏观水循环的观点看问题，风雨起源于海洋，海洋是风雨的故乡。在广阔的海面上，海水不断地蒸发进入大气层。海面上的气团就像一个吸满水的湿毛巾。湿气团上升成云，靠太阳和海洋供给的能量，由海面输送到大陆上空，以雨雪的形式降落到地面，再经江河返回海洋。地球上水的总量约为 15 亿立方千米，其中海水约为 13.7 亿立方千米。陆地上的水和海水相比，只占了很少部分。在陆地上分布着河流、湖泊、沼泽和地下水，连同厚厚的冰川，这些水组成了自然界

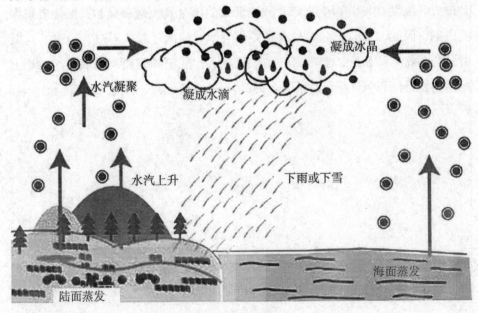

水分循环过程

的水圈。千百年来，它们如此循环不息，数量变化很小，这就是地球水的自然循环。风雨从海洋开始，又回到海洋。因此我们说海洋是风雨的故乡。

事实上，海洋不但是风雨的故乡，它还是地球的中央空气调节器。在夏天的时候从海洋上吹来凉爽的风，冬天的时候又给陆地送去温暖的风，它时时刻刻调节着空气的温度和湿度。能有调节气候的作用，原因就在于海洋是一个巨大的热能仓库。

海洋的面积广大，海水吸收热量的能力强，进而储存热量的能力也大。海洋表面的热量来源最主要的是太阳辐射。进入海洋热量的51%用于海水蒸发，42%用于海面回辐射，7%用于对流和传导，是海水传给了大气。因此，到达地球的大部分太阳能量都被海洋吸收并储存起来，海洋就成为地球上名副其实的热能大仓库。相对海洋而言，陆地表面吸收太阳热量能力差，而且集中在表层很浅的地方，储存能力也很差。白天热得快，夜晚也凉得快。这样一来，地球热量的供应就主要由海洋来调节。海洋通过海水温度的升降和海流的循环，并与大气相互作用，从而影响地球气候。

海洋不但通过大气调节地球气候，而且海洋浮游植物的光合作用，还向地球大气提供40%的再生氧气。另外60%的再生氧气是森林和其他地表植物提供的，因此，人们把海洋与森林并称为地球的两叶肺。不过，地球的这两叶肺与动物的肺相反，它吸入的是二氧化碳，呼出却是新鲜的氧气。地球上的生物就是依靠氧气继续存活下去的。

海水温度

"万物生长靠太阳"。太阳能量辐射到地球，80%以上被地球表面吸收，只有不到20%反射到空中。而到达地球的大部分太阳能量被海洋吸收并储存起来，虽然海洋积聚了大量的热，但水温也不会升得很高。

虽然如此，每天海洋表层水温总是受到太阳辐射、海流和盛行风变化的影响，海水温度仍然会发生变化。赤道和高纬度海区表层水温的年变化相对比较小，一般为 1~2℃。大洋表层水温每天变化最小，一般不会超过0.4℃。中纬度变化最大，尤其是在北纬35°附近，表层水温年变化可以达到12℃。浅海的海水表层每天的温度变化也较大，常常可以达到 3~4℃以上。海水表层

海水比较温和，透光性好，可容纳很多的太阳辐射能

温度的每日变化会通过海水向更深层海水传导，表层以下各层水温的年变化比较小，不过影响的最大深度不会超过50米。

也可以简单地讲，海水温度的垂直变化是由于太阳辐射首先到达海水表面，使海水温度随深度而发生变化。海水越深，水温越低，而且深层海水的水温年变化幅度也越来越小。从表层向深层，水温渐低，1000米以下的深层海水，经常保持低温状态。不过，在大洋底层的海水由于受到地壳内岩浆活动的影响，温度有时候也会出现异常的变化。

海水温度是海水的一个重要的理化指标。实际上，它也是度量海水热量的重要指标。每天海水温度都会随着太阳的辐射而发生变化。表层水温的每日变化的最高值和最低值出现的时间与太阳的辐射强度有直接的关系。每天中午12点左右是每天太阳辐射最强的时候，海水的最高温度一般会在午后2点左右出现；每天夜间海水的温度都会降低，到凌晨4点海水的温度会下降到全天最低点。

尽管如此，不管是在炎热的夏天还是在寒冷的冬天，海水的温度受四季的影响仍然不大。这是因为海水的热容量比空气的热容量大得多，海水的温度变化也比空气的温度变化缓慢。可是为什么每天海水的温度变化总是滞后于太阳辐射的变化呢？

这是因为太阳辐射的热量大部分用于蒸发海水，只有一小部分用于升高水温。由于海水的热容量比空气大得多，因此，水温上升的过程十分缓慢，出现了海水温度最高值比太阳辐射最强时间滞后的现象。同样，海水降温的过程也进行得比较缓慢，形成了最低水温要比太阳辐射的最弱时间晚得多的现象。

总之，海水温度常作为研究水团性质、鉴别洋流的基本指标。研究海水温度的时空分布及其变化规律，不仅是海洋地理学的重要内容，而且对渔业、航海、气象和水声等学科也有重要价值。

海水颜色

　　晴朗的夏日，面对烟波浩渺的大海、蔚蓝色的海面，辉映着蔚蓝色的天穹，极目远眺，水天一色，极为壮观。即使从太空中看，地球也是个蔚蓝色的星球。而事实上，海洋水和普通水并没两样，都是无色透明的。为什么看见的海水呈蓝色呢？

　　原来，海洋是个连绵不断的水体，它的水色主要由海洋水分子和悬浮颗粒对光的散射决定。但大洋中悬浮质较小，颗粒也很微小，因此水的颜色取

赤潮

决于海水分子的光学性质。简单地讲就是，五颜六色的海水形成的原因是海水对光线的吸收、反射和散射的缘故。

人眼能看见的七种可见光，其波长是不同的，它们被海水吸收、反射和散射程度也不相同。其中波长较长的红光、橙光、黄光，穿透能力较强，最容易被水分子吸引，射入海水后，随海洋深度的增加逐渐被吸收了。一般来说，当水深超过100米，这三种波长的光，基本被海水吸收，还能提高海水的温度。而波长较短的蓝光、紫光和部分绿光穿透能力弱，遇到海水容易发生反射和散射，这样海水便呈现蓝色。

紫光波长最短，最容易被反射和散射，为什么海水不呈紫色？科学实验证明，人眼对可见光有一定偏见，对红光虽可见到，但是感受能力较弱，对紫光也只是勉强看到，由于人的眼睛对海水反射的紫色很不敏感，因此往往视而不见，相反地对蓝绿光都比较敏感。这样，少量的蓝绿光就会使海水中呈现湛蓝或碧绿的颜色。

可是也有的海看起来是红色的。赤潮又称红潮，是海洋因浮游生物的兴盛，海水呈现一片铁锈红色而得名。这种使海水变色的浮游生物，主要是繁殖力极强的海藻，其他的还有极微小的单细胞原生动物——各类鞭旋虫等。赤潮的海水都有臭味，因而也被渔民们俗称为"臭水"。它会使水体变黏稠，附着在鱼虾表皮和鳃上，导致鱼虾呼吸困难而死亡。许多赤潮生物还有较大毒性，因此它对海洋捕捞业、养殖业的危害极大。现在我们知道，这实际上是一种海水被污染的现象，而不是海水本来的颜色。

除了赤潮，还有黄海。黄海是因为古时黄河的水流入，江河带来大量泥沙，使海水中悬浮物质增多，海水透明度变小，故呈现黄色，黄海之名因此而得。黄海是我国华北的海防前哨，也是华北一带的海路要道。

世界上有红海、黄海、黑海，那么是不是还有白海？其实，白海是存在的，它就是北冰洋的边缘海，一年有200多天被皑皑的白雪与冰层覆盖，所以人们给它起了这么一个美丽纯洁的名字。

海水的盐度

不知道你尝没尝过海水，刚进嘴只是有点咸，可马上就又苦又涩，难受至极。可是海水为什么是咸的呢？

海水之所以咸，是因为海水是盐的"故乡"，在里面含有各种盐类，其中90％左右是氯化钠，也就是食盐。海水中另外还含有氯化镁、硫酸镁、碳酸镁及含钾、碘、钠、溴等各种元素的其他盐类。正是这些盐类使海水变得又苦又涩，难以入口。氯化镁是点豆腐用的卤水的主要成分，味道是苦的，因此，含盐类比重很大的海水喝起来就又咸又苦了。

那么这些盐类究竟从哪里来的呢？

海盐

有的科学家认为，地球在漫长的地质时期，刚开始形成的地表水（包括海水）都是淡水。后来由于水流侵蚀了地表岩石，使岩石的盐分不断地溶于水中。这些水流再汇成大河流入海中，随着水分的不断蒸发，盐分逐渐沉积，时间长了，盐类就越积越多，于是海水就变成咸的了。如果按照这种推理，那么随着时间的流逝，海水将会越来越咸。

　　有的科学家则另有看法。他们认为，海水一开始就是咸的，是先天就形成的。根据他们测试研究发现，海水并没有越来越咸，海水中盐分并没有增加，只是在地球各个地质时期，海水中盐分的比例不同。

　　目前世界上只有中国、印度和少数气候条件特别适宜的国家进行大规模海水晒盐。

　　还有一些科学家认为，海水所以是咸的，不仅有先天的原因，也有后来的因素。海水中的盐分不仅有大陆上的盐类不断流入到海水中去，而且在大洋底部随着海底火山喷发，海底岩浆溢出，也会使海水盐分不断增加。海水经过不断蒸发，盐的浓度就越来越高，而海洋的形成经过了几十万年，海水中含有这么多的盐也就不奇怪了。这种说法得到了大多数学者的赞同。

　　虽然海水中都含有盐，然而世界的个别海域盐度差别很大。地中海东部海域盐度达到 39.58‰，西部受到大西洋影响，盐度下降，只有 37‰。红海海水盐度达到 40‰，局部地区高达 42.8‰。世界上海水盐度最高的是死海。死海表面的盐度为 227‰ ~ 275‰。深 40 米处，海水盐度达到 281‰。

　　影响海水盐度变化的因素主要与海水的蒸发、降雨、海流和海水混合这 4 个方面有关。近岸海水的盐度主要受陆地河流向海洋输入淡水影响，所以盐度的变化范围较大。此外，在地球的高纬度地区，冰层的结冰和融化对这些海区海水的盐度影响也很大。

死 海

公元 70 年，罗马大军统帅狄杜攻克耶路撒冷，他下令把俘虏投入海中淹死。可是奇迹发生了，戴着脚镣手铐的俘虏在水里根本不往下沉。罗马士兵一遍又一遍地把他们投入大海里，可海浪一次又一次地把他们送回岸边……这片神奇的海域就叫死海。

死海位于约旦和巴勒斯坦之间，长约 80 千米，最宽处为 18 千米，湖水表面面积约 1020 平方千米，最深处 400 米。湖东的利桑半岛将该湖划分为两个大小深浅不同的湖盆，北面的面积占 3/4，深 400 米，南面平均深度不到 3 米。水面低于海平面 392 米，是世界陆地最低点，也是世界上盐度最高的天

死海中渗出的"盐柱"

然水体之一。尽管名字很吓人，实际上一点都不可怕。死海虽然是以海的名字命名的，但并不是海，它只是一个咸水湖而已。

死海是由于流入其中的河水不断蒸发，矿物质大量沉积的自然条件造成的。人们之所以称它为"死海"大概有两个原因，一是找不到任何可以流出去的口；二是水生植物和鱼类等生物无法生存。在水中只有细菌，没有其他动植物，岸边也没有花草。不过，美国和以色列的科学家们发现，就在这种最咸的水中，死海湖底的沉积物中居然仍有 11 种细菌和一种海藻生存。

另外，由于气候条件的影响，这里的湖水含盐量极高，游泳者很容易浮起来。一般海水含盐量为 35‰，死海的含盐量达 230‰~250‰。在表层水中，每升的盐分就达 227~275 克。所以说，死海是一个大盐库。据估计，死海的总含盐量约有 130 亿吨。在死海洗浴，人可以轻而易举地漂浮在水面上，因此，在死海上洗浴、游泳的感受非同一般。死海洗浴不仅感受独特，它对人体还有保健和治疗的功效。死海浮睡可以减轻精神压力，增进人的睡眠质量。

可是，死海的前景并不容乐观。有报道称，死海在近 50 年的时间里，失去了 30% 的海水，如果这样下去的话，在 100 年之内死海将不复存在。这些年来，死海附近自然资源被过度开采，死海的南湖已经完全消失，现在只有北湖了。据此推测，在未来的某一天，我们看到的将是真正的无水之海。

海里的声音

　　水里是我们所不熟悉的另外一个世界，五彩缤纷、五颜六色的海底世界是摄像师用我们熟悉的光带给我们的感受。其实水下尤其是深水区往往是漆黑一片，生活在这里的生物练就了通过声音来辨别目标的能力，所以说水下是声音的世界。

　　近表层海水的温度、盐度变化剧烈，所以海洋中的最大声速一般在海平面下 100 米深处。从上方传来的声音不能穿越这个声速最大层，从下方传来的声音也不能穿透声速最大层向上传播，而向下折射。所以，这个声波不能穿透的区域被叫作声阴影带。在这样的环境中，对各种海洋生物来说，海洋中的声音对它们有极其重要的意义。许多生物都是靠声音来传播信息、寻找

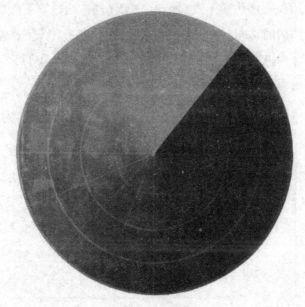

声呐显示装置

猎物和导航的。像鲸类动物，是靠声音来和伙伴交流，并利用声波来确定目标的大小、距离和方位。

水下生物利用声波的特点有点像空中飞行的蝙蝠，科学家就是根据这些特点来研制声呐的。在伸手不见五指的深海，它是人类探索海底未知世界的有力手段。

如果将一个声源放在大洋中最小声速处，即水深1000米处，声波会汇集在这里，以最小的能量衰减，并且沿着这条声速带传播，这就是水中声道。实验证明，声音沿着水中声道传播可达几千千米甚至几万千米。海洋中的声速在1450～1550米/秒之间变化。由于海水的密度比空气大得多，海水是声波的良好介质。所以，海水中的声速比空气中的声速快得多。

现在军用和民用技术中应用非常广泛的声呐，便是根据声音在水下传播的原理设计的，被称为"水下的雷达"。不同的是，雷达波是电磁波，适合在空气中传播，而电磁波在水下会很快衰减，只有声音可以在水下传播，而且传得很远。由于我们无法用眼睛看到水下情况，因此对水下地貌的研究只有用先进的声呐来探测。回声探测仪，也就是今天已经广为使用的声呐。它测量海底深度的原理就是从船上发出声脉冲至洋底，通过测算接收，然后将接收到的回声所经历的时间自动转换为深度值显示出来。我们平常看到的海底结构图就是根据声呐提供的数据绘制的。可以这样说，我们就是通过它去了解人类所未知的海底世界。

海 平 面

　　生活中，尽管风、海底地震和潮汐总是引起海面涨落，但是人们还是认为海面是平坦的，仿佛是一面镜子平放在大地上。近年来，随着人造卫星测量技术的发展，人们发现风平浪静的海面实际上也是坑坑洼洼的。有些地区的海面是凸起的，有些地区的海面是凹陷的，两者之间最大的差距可达100多米。尽管如此，因为海平面凹凸的变化在1000千米以上的广泛范围内逐渐变化，所以不容易被航海者察觉罢了。

　　那么影响海平面不平的两个主要因素可以归结为：一是涨潮、落潮、风暴和气压高低等因素，使海面始终不能归于平静；二是海底地形的不同，也

海平面涨幅的一半都是由于海洋的热膨胀造成的，而另一半则是由于冰川融化造成的。

决定了海面的不平。此外，有时海面的高低还与附近的巨大的山脉或山脉所组成的物质的积聚有关。这种物质的积聚，可以使其表面引力弯曲，从而形成一种动力，驱使水离开一个地区而流向另一个地区，从而造成了海面高低不平的现象。

事实上，海平面的高度并不是一成不变的。海平面的上升和下降对人类的生活会产生巨大的影响。影响海平面升降的因素有很多。比如，温室效应使地球南极和北极的冰雪大量融化，就会引起海平面上升。在过去的 20 世纪中，人们竟然发现凹凸不平的海平面上升了 20 厘米，这是在过去千年中的最高速度。科学家估计，如果不采取有效措施，随着温室效应的增强，一部分冰山将会融化，2080 年海平面还要上升 41 厘米。此外，地质学家也曾经告诉我们，在地球漫长发展的历史中曾经有 7 次特大的冰期，每次冰期都会引起海平面的大幅度下降。

除了温室效应对海平面的影响以外，海底的扩张速度对它的影响同样不容忽视。

海洋是一个开放性的系统，它不停地与地球内部存在着的水分作循环和交流。由于现代地幔水陆续不断地渗入海中，从而导致海平面正在以每年 1 毫米的速度上涨，所以可以说海底的扩张速度是另一个影响海平面变化的重要原因。当海底板块扩张速度加快时，大洋中脊体积变大，结果使海水溢出正常的海岸线而侵入大陆内部，造成海平面上升。反之，当海底板块扩张速度变慢时，大洋中脊变冷收缩，海底下沉，这时候海平面自然就会下降了。

风 暴 潮

　　风暴潮指由强烈大气扰动，如热带气旋（台风、飓风）、温带气旋等引起的海面异常升高现象。沿海验潮站或河口水位站所记录的海面升降，通常为天文潮、风暴潮、（地震）海啸及其他长波振动引起海面变化的综合特征。一般验潮装置已经滤掉了数秒级的短周期海浪引起的海面波动。如果风暴潮恰好与天文高潮相叠（尤其是与天文大潮期间的高潮相叠），加之风暴潮往往夹杂狂风恶浪而至，逆江河洪水而上，常常会使其影响所及的滨海区域的潮水暴涨，甚者海潮冲毁海堤海塘，吞噬码头、工厂、城镇和村庄，使物资不得转移，人畜不得逃生，从而酿成巨大灾难。

　　有人称风暴潮为"风暴海啸"或"气象海啸"，在我国历史文献中又多称为"海溢""海侵""海啸"，及"大海潮"等，把风暴潮灾害称为"潮灾"。风暴潮的空间范围一般由几十千米至上千千米，时间尺度或周期为1～100小时，介于地震海啸和低频天文潮波之间。但有时风暴潮影响区域随大气扰动因子的移动而移动，因而有时一次风暴潮过程可影响一两千千米的海岸区域，影响时间多达数天之久。

　　在世界上，有一个著名的与风暴潮抗争的国家——荷兰。"荷兰"在日耳曼语中叫尼德兰，意为"低地之国"，因其国土有一半以上低于或几乎水平于海平面而得名。它位于西欧，濒临北海，全境地势低洼，河流纵横，

海上台风与大潮联合作用形成风暴潮

渠道交错，堤坝密布，全国面积近5万平方千米，其中有1/4位于海拔1米以下。荷兰的气候属海洋性温带阔叶林气候。由于地低土潮，荷兰人接受了法国高卢人发明的木鞋，并在几百年的历史中赋予其典型的荷兰特色。由于这一带潮差较大，极易发生风暴潮灾害，所以长期以来，荷兰人为了生存和发展，竭力保护原本不大的国土，避免在海水涨潮时遭受"灭顶之灾"，他们与海潮、水患进行了坚持不懈的斗争。

在与海的长期斗争中，围海造田是其中一项最有成效的措施，直到今天它仍然是人类向海洋空间发展的一项重要活动。荷兰是首当其冲向海洋索取土地的著名国家。早在13世纪荷兰人民就筑堤坝拦海水，再以风车为动力挖泥和抽干围堰内的水，到今天风车仍然是这个低地国家的代表景观呢。几百年来，荷兰修筑的拦海堤坝长达1800千米，增加土地面积60多万公顷。如今荷兰国土的20%都是通过人工填海造出来的。

台 风

人们对台风的命名始于 20 世纪初，起初人们用人名来为台风命名，直到 1997 年，世界气象组织会议决定，西北太平洋和南海的热带气旋采用具有亚洲风格的名字命名，并决定从 2000 年 1 月 1 日起开始使用新的命名方法。

它是发生在热带海洋的风暴，当它吹越海面时，可以掀起十多米高的巨浪；当它推进到岸边的时候，会叠起一片浪墙，汹涌上岸，席卷一切。这种风暴，在亚洲东部的中国和日本，被称作台风；在美洲，人们叫它飓风。

台风的老家在热带海洋，它形成的条件主要有两个：一是比较高的海洋温度；二是充沛的水汽。在温度高的海域内，正好碰上了大气里发生一些扰动，大量空气开始往上升，使地面气压降低，这时上升海域的外围空气就源

台风所到之处，席卷一切，给人类生命财产带来很大损失。

源源不绝地流入上升区，又因地球转动的关系，使流入的空气像车轮那样旋转起来。当上升空气膨胀变冷，其中的水汽冷却凝成水滴时，要放出热量，这又助长了低层空气不断上升，使地面气压下降得更低，空气旋转得更加猛烈，这就形成了台风。

事实上，台风是没有风的风眼。由于台风是热带海洋上的大风暴，也就是说它是范围很大的一团旋转的空气。台风边转边走，四周的空气绕着它的中心旋转得很急。空气旋转得越急，流动速度越快，风速也越大。但是在台风中心大约直径为 10 千米的圆面积内（称为台风眼），因为外围的空气旋转得太厉害，外面的空气不易进到里面去，那里好像一根孤立的大管子一样。所以台风眼区的空气，几乎是不旋转的，因而也就没有风。

可是我们常常能够在海面上看到这样一种现象：海水被一阵掠过的旋风卷起，看上去像灰黑色的巨蛇从大海中蹿出……这实际上是水龙卷在海上形成的龙卷风，这大概就是种种有关海洋怪物的传说的由来。

台风经常给社会和人类带来较大灾害，常引起建筑物及设施的破坏和倒塌，并造成车辆的颠覆、失控、无法运行，船舶的流失、沉没，电线杆的折断、损坏，树木、农作物的倒伏和落果。台风带来的强降雨还会引发山洪暴发等。2005 年 8 月，"卡特里娜"飓风袭击美国新奥尔良，造成 1036 人遇难。

可是台风除了给登陆地区带来暴风雨等严重灾害外，也有一定的好处。据统计，包括我国在内的东南亚各国和美国，台风降雨量约占这些地区总降雨量的 1/4 以上，因此如果没有台风，这些国家的农业困境不堪想象；此外台风对于调剂地球热量、维持热平衡更是功不可没。众所周知热带地区由于接收的太阳辐射热量最多，因此气候也最为炎热，而寒带地区正好相反。由于台风的活动，热带地区的热量被驱散到高纬度地区，从而使寒带地区的热量得到补偿，如果没有台风就会造成热带地区气候越来越炎热，而寒带地区越来越寒冷，自然地球上的温带也就会不复存在了，众多的植物和动物也会因难以适应而出现灭绝，那将是一种非常可怕的情景。

海 雾

　　我国沿海每到春暖花开，由冷转暖的时候，经常会出现迷迷濛濛、毛毛细雨的天气，能见度显著降低，甚至相距几米也难见踪影，这就是人们熟知的海雾。

　　海雾是海面低层大气中一种水蒸气凝结的天气现象。因它能反射各种波长的光，故常呈乳白色。雾的形成要经过水汽的凝结和凝结成的水滴（或冰晶）在低空积聚这样两个不同的物理过程。在这两个过程中还要具备两个条件：一是在凝结时必须有一个凝聚核，如盐粒或尘埃等，否则水汽凝结是非常困难的；另一个是水滴（或冰晶）必须悬浮在近海面空气中，使水平能见度小于 1 千米。

笼罩在海面上的薄雾虽缥缈美丽，但却是海上交通事故的隐患。

由于海雾产生的原因不同，因此可以把它分成 4 种类型：平流雾、冷却雾、冰面辐射雾、地形雾。而平流雾最常见，我国海区出现的海雾，主要是这种平流雾。在世界众多著名海雾区出现的海雾，也大都是平流雾造成的。比如来自旧金山大桥西侧太平洋上的海雾乘西风经大桥进入南北向的旧金山海湾时，常常把大桥突然淹没。当雾区边缘经过大桥时，便会出现"断桥"的奇景，这就是所谓的"雾断金门"的美景。

海雾虽然很美，但它却是海洋上的危险天气之一。它对海上航行和沿岸活动有直接影响，它能使客船、商船、渔船和舰艇等偏航、触礁或搁浅。

为了应对这种情况，每当海面出现雾、雪、暴风雨或阴霾等天气，海上能见度小于 2 海里时，一般常用的灯光或其他目视信号将失去作用，常用声响进行导航。用于导航的发声设备很多，有雾笛、雾钟、雾哨、雾角等等。在我国的青岛使用的"雾牛"正是声响导航的一种。"雾牛"是 20 世纪初德国人修建的，实际上是一种电雾笛，其工作原理与我们常见的蒸汽火车头上的汽笛原理是一样的。

在海雾的历史上，曾经发生在达达尼尔海峡上的毒雾封锁至今让人记忆犹新。

1995 年 2 月 13 日清晨，一股黄色带有刺鼻硫黄味的浓密大雾，笼罩在黑海、马尔马拉海和爱琴海一带。这一带正是欧亚大陆的交界地区，其中马尔马拉海的东西两端连系着世界上两大著名海峡：博斯普鲁斯海峡和达达尼尔海峡。这场浓密毒雾的出现，使博斯普鲁斯海峡的北口能见度下降到近乎为零，土耳其不得不暂时关闭海峡，使这条十分繁忙的国际航道陷入瘫痪状态，造成海峡两端各有 100 多条船舶停泊待命。同时联结马尔马拉海和爱琴海的达达尼尔海峡的通道也被迫关闭，并造成有 1000 万人口的伊斯坦布尔市的公路和空中交通相继中断，其影响是历史上少见的。

海　啸

　　海啸是发生在海洋里的一种可怕的灾难。当海底发生地震、火山爆发或水下塌陷和滑坡时，就会引起海水的巨大波动，产生海啸。海啸时，那高达几十米甚至上百米的海浪，不仅会掀翻海上的船舶，造成人员伤亡，还会破坏沿海陆地上的建筑。

　　在通常情况下，海啸由震源在海底下 50 千米以内、里氏震级 6.5 以上的海底地震引起。地震发生时，海底地层发生断裂，部分地层出现猛然上升或者下沉，由此造成从海底到海面的整个水层发生剧烈"抖动"。这种"抖动"不同于平常所见到的海浪，它是从海底到海面整个水体的波动，其中所含的能量惊人。在一次震动之后，震荡波在海面上以不断扩大的圆圈，传播到很

海啸所引起的狂风巨浪，所到之处，摧毁一切。

远的距离，正像卵石掉进浅池里产生的波一样。海啸波长比海洋的最大深度还要大，轨道运动在海底附近也没受多大阻滞，不管海洋深度如何，波都可以传播过去。当它们与大陆猛烈碰撞时，能吞没海边的港口、城镇乡村和农田。海啸所引起的浪高达数十米，像一堵水墙，冲上陆地，所向披靡，造成生命和财物的重大损失。

如此可怕的海啸实际上是一种具有强大破坏力的海浪，可分为四种类型，即由气象变化引起的风暴潮、火山爆发引起的火山海啸、海底滑坡引起的滑坡海啸和海底地震引起的地震海啸。根据受灾情况的不同特点，海啸又可分为遥海啸和本地海啸。

首先，有一种海啸能横越大洋或从很远处传播而来，在没有岛屿群或其他障碍阻挡的情况下，能传播数千千米并且只衰减很少的能量，使数千千米之遥的地方也遭到海啸灾害，这称为遥海啸。1960年智利发生海啸也曾使数千千米之外的夏威夷、日本遭受严重灾害。

其次为本地海啸。本地海啸从地震或海啸发生源地到受灾的滨海地区相距较近，所以海啸波抵达海岸的时间也较短，有时只有几分钟，多则几十分钟。在这种情况下具有突发性的特点，危害也相当严重。通常，本地海啸发生前，往往有较强的震感或震灾发生。

海 冰

1912 年 4 月，"泰坦尼克"号客轮撞击冰山后沉没，遭到灭顶之灾，成为 20 世纪海冰造成的最大灾难之一；我国 1969 年渤海特大冰封期间，流冰摧毁了由 15 根 2.2 厘米厚锰钢板制作的直径为 0.85 米、长 41 米、打入海底 28 米深的空心圆筒桩柱全钢结构的"海二井"石油平台，另一个重 500 吨的"海一井"平台支座拉筋全部被海冰割断……由此可见，海冰的破坏力对船舶、海洋工程建筑物而言是多么巨大。

有"白色灾害"之称的海冰，不可避免地成为海洋五种主要灾害之一（其他为风暴潮、灾害海浪、赤潮和海啸）。它是直接由海水冻结而成的咸水冰，亦包括进入海洋中的大陆冰川（冰山和冰岛）、河冰及湖冰。咸水冰是固

冰山只有 1/7 露出海面，其余仍在水下。

体冰和卤水（包括一些盐类结晶体）等组成的混合物，其盐度比海水低2‰~10‰，物理性质（如密度、比热、溶解度、蒸发潜热、热传导性及膨胀性）不同于淡水冰。它对海洋水文要素的垂直分布、海水运动、海洋热状况及大洋底层水的形成有重要影响；对航运、建港也构成一定威胁。

在这里特别要提出的是冰山。它是由冰川组成，冰川又是由雪花堆积成的冰川冰组成的。当冰川的冰体受到海水浮力的顶拖断裂后，就形成了冰山。在极地航海家眼里，冰山是最危险的"敌人"，轮船遇到它时会被迫停驶，一不小心就会发生碰撞事故。

按海冰的形成和发展阶段可以分为：初生冰、尼罗冰、饼冰、初期冰、一年冰和多年冰；按运动状态分为固定冰和漂浮冰。前者与海岸、岛屿或海底冻结在一起，多分布于沿岸或岛屿附近，其宽度可从海岸向外延伸数米至数百千米；后者自由漂浮于海面，随风、浪、海流而漂泊。而漂浮冰又分成两种：海冰和陆冰。海冰由海水冻结而成，陆冰是大陆上的冰破裂后流入海中。海冰的体积不大，而陆冰大得像山，所以称为冰山。

海冰在大自然中扮演了一个相当重要的角色，海冰数量的变化，往往会直接影响到地球的气候。假如高纬度地区海洋里漂浮的冰减少了，低纬度的暖流便会北上，或是南下，使得原来的雨区变得干旱起来。海冰还有保持海水温度的功能，有人把海冰比作是"海洋的皮袄"，使海水减少蒸发，保持海水温度。海冰可以促使海水上下对流，对海洋生物繁殖十分有利，这就是为什么地球两极有那么丰富的浮游生物的原因之一。海冰能阻挡潮汐，使潮高降低，潮流减慢，把波浪压低，把海流"拖住"。总而言之，海冰是自然环境中不可缺少的组成部分。

"厄尔尼诺" 现象

近年来，各类媒体越来越关注这样一个气候学名词：厄尔尼诺。众多气候现象与灾难都被归结到厄尔尼诺的肆虐上，例如印尼的森林大火、巴西的暴雨、北美的洪水及暴雪、非洲的干旱等等，它几乎成了灾难的代名词。可是厄尔尼诺究竟是什么呢？

厄尔尼诺引来的洪水淹没了城市

简单地讲：厄尔尼诺是热带大气和海洋相互作用的产物，它原是指赤道海面的一种异常增温现象。现在其定义为在全球范围内，海气相互作用下造成的气候异常。由于这种现象经常发生在年末圣诞节前后，所以当地人称其为"圣婴"（厄尔尼诺）。厄尔尼诺发生时，由于水温高、浮游生物减少，鱼得不到食物而大量死亡，所以以鱼为食的海鸟也将死亡或迁徙。

厄尔尼诺现象又称厄尔尼诺海流，是太平洋赤道带大范围内海洋和大气相互作用后失去平衡而产生的一种气候现象。它的基本特征是太平洋沿岸的海面水温异常升高，海水水位上涨，并形成一股暖流向南流动。它使原属冷水域的太平洋东部水域变成暖水域，结果引起海啸和暴风骤雨，造成一些地区干旱，另一些地区又降雨过多的异常气候现象。正常情况下，热带太平洋区域的季风洋流是从美洲走向亚洲，使太平洋表面保持温暖，给印尼周围带来热带降雨。但这种模式每过几年便会被打乱一次，使风向和洋流发生逆转，太平洋表层的热流就转而向东走向美洲，随之便带走了热带降雨，出现所谓的"厄尔尼诺现象"。

厄尔尼诺现象总是呈周期性出现的，每隔 2~7 年出现一次。自 1976 年以后的 20 年来，厄尔尼诺现象分别在 1976~1977 年、1982~1983 年、1986~1987 年、1991~1993 年和 1994~1995 年出现过 5 次。1982~1983 年间出现的厄尔尼诺现象是 20 世纪以来最严重的一次，在全世界造成了大约 1500 人死亡和 80 亿美元的财产损失。进入 20 世纪 90 年代以后，随着全球变暖，厄尔尼诺现象出现得也越来越频繁。

厄尔尼诺现象所造成的危害后果非常严重。它曾使南部非洲、印尼和澳大利亚遭受空前未有的旱灾，同时带给秘鲁、厄瓜多尔和美国加州的则是暴雨、洪水和泥石流。由于厄尔尼诺现象给全球带来巨大的灾难，这种现象已成为当今气象和海洋界研究的重要课题。

第四章

海洋之谜

埃弗里波斯海峡之谜

埃弗里波斯海峡，是位于希腊本土与希腊第二大岛——埃维厄岛之间的一条长长的海峡。

早在古希腊时代，大哲学家、科学家亚里士多德和许多的科学家就对这里的奇异的水流产生了浓厚的兴趣，企图解开这令人迷惑的水流之谜。

原来，在埃弗里波斯海峡中部的卡尔基斯市附近，海水的流向反复无常，一昼夜之间往往要变化 6 ~ 7 次，有时甚至要变化 11 ~ 14 次。

与此同时，海水流速可达每小时几十海里，这给过往船只带来了很大的危险。

有时候，变幻莫测的海面突然变得十分宁静，海水停止了流动，然而可能不到半个小时，海水又汹涌澎湃、奔腾咆哮起来。也有的时候，海水竟能一连几个小时朝着一个方向奔流而去。

继亚里士多德之后，2000 多年来，许多国家的各方面专家，纷纷对埃弗里波斯海峡令人费解的水流进行了研究和探索，最终均一无所获。

近来，希腊科学家提出，这种现象是地中海海水的自然波动、起伏所致。

然而，这种看法早在 2000 多年前时亚里士多德已提出，并不是什么新的理论，更无法具体说明埃弗里波斯海峡水流异常的原因。

因此，要破解埃弗里波斯海峡之谜还需付出艰苦的努力。

大海中的间歇水柱之谜

　　1960 年 12 月 4 日，地中海海域。一艘名叫"马尔模"的轮船正在航行，忽然，船长和船员们看到一个奇异的、好像白色积云的柱状体从海面垂直升起，但几秒钟后就消失了。几秒钟后，它又再次出现。于是船员们用望远镜观察，发现它是一个有着很规则的周期间隔的升入空中的水柱，每次喷射的时间约持续 7 秒钟，然后消失。大约 2 分 20 秒后又重新出现，用六分仪测得水柱高度为 150.6 米。

　　在"马尔模"号上观察发现的这股奇异的水柱是怎样形成的？科学界对此争论不休。有人认为它是"海龙卷"。威力巨大的龙卷风经过海面上空时，会从海洋中吸起一股水柱，形成所谓的"海龙卷"。但"海龙卷"应呈漏斗状，这与船员们观察到的情况不同。而且从有关的气象资料来看，当时似乎无形成"海龙卷"的条件。于是，有人提出，水柱的产生是火山喷气作用的结果。理由是，地中海是一个有着众多的现代活火山的地区，但在水柱产生的海域却又没有发现火山活动的记录。而且，"马尔模"号的船员们在看到水柱时，也没听到任何爆炸的声音。再者，如果确是水下火山喷发，周围的海域也不会如此平静。于是又有人推测，这是一次人为的水下爆炸所造成的。但根据水柱周期性间歇喷发的特征和当时没有爆炸声，排除了这种可能。

　　那么，"马尔模"船员发现的水柱到底是如何产生的呢？至今都还没有人找到答案。

海洋微地震之谜

　　一种能用地震仪接收到的暴发性干扰，就是海洋微地震。这种暴发性干扰是由大量周期约为 2～10 秒的微小的地壳震动波群所组成的。微地震的一个明显特点是它常常伴随附近海洋风暴的出现而爆发。它所包含的波动频率则恰好是它所伴随的风暴激起的波浪频率的 2 倍，这就是所谓的"信频现象"。此外，人们还观察到，当风暴由大陆吹向海洋时，这种微地震常能持续很久；反之，当风暴由海洋吹向大陆时，一旦风暴登陆，它就很快减弱以至消失。

　　至于海洋微地震究竟是怎样产生的，人们曾作过许多猜测。有人认为这是海浪冲击海岸的结果，也有人想用波浪起伏施加在海底的压力发生变化来解释，但这些说法都不能解释前面说的"信频现象"。

　　地球物理学家斯科特、海洋学家迈克和流体力学家朗吉等人，在对微地震进行研究的过程中，经过复杂的计算发现，两列相同频率沿几乎相反方向行进的波浪相撞时确能产生一种向水中各个方向辐射的微弱声波。它不是通常的驻波，也不随深度而衰减，而且它的频率很接近波浪频率的 2 倍。计算结果还表明，由于风暴会在广阔的洋面上掀起波涛，其中含有许多相反方向的波动成分。由所有这些成分相互作用所产生的合成声波的能量相当可观，足以激起微地震。

　　这种理论被称为"非线性相互作用"，它虽然能解释许多重要的现象，可是却不能解释为什么当风暴登陆后海上波涛依然存在而微地震却很快平息的现象，因此海洋微地震的发生依然是一个未解之谜。

深海平顶山之谜

在神秘的深海世界里，颇令人迷惑不解的，要算是平顶山。平顶山的顶巅，就像是被快刀削过似的那么平坦。它的名字就是这么得来的。

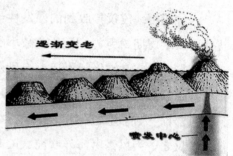

第二次世界大战期间，美国普森顿大学赫斯教授在美海军任舰长时，曾对太平洋的深度进行过一些探测，每一次都发现了从夏威夷到马里亚纳群岛一带四、五千米的深海海底，耸立着许多平顶的山峰。以后的进一步测量证实，这些顶巅平坦的山峰，顶巅的直径约有 5 海里，把周围的山脚计算在内，形成直径约 9 海里左右的高台。山腰最陡的地方倾斜约达 32 度，再往下形成缓坡，并呈现阶梯状，这些情况是所有海底平顶山的共同特征。

这些深海平顶山，分布在除了太阳和星星以外就看不见其他任何目标的太平洋海底。在这里，由于它们形状独特，便成了极为突出的海底航标。航行在这一带的船只，只要有一幅反映海底平顶山分布位置和水深情况的海图，使用方位仪和声波测深仪，就可准确地测定出船位。就这样，深海平顶山为现代航海作出了贡献。

凡是存在深海平顶山的地方，一般都是良好的天然渔场。因为当深层水流冲击深海平顶山时，便产生一种上升水流，深海里的营养物质随着上升水流浮至浅层海面，海水中营养物质一多，就会聚集起众多的浮游生物，从而吸引鱼群到这里来觅食，形成良好的渔场。

深海平顶山是怎样形成的呢？这是正在探索中的一个未解之谜。

无底洞之谜

地球上是否真的存在"无底洞"？按说地球是圆的，由地壳、地幔和地核三层组成，真正的"无底洞"是不应存在的，我们所看到的各种山洞、裂口、裂缝，甚至火山口，也都只是地壳浅部的一种形态。

事实上地球上确实有这样一个"无底洞"。它位于希腊亚各斯古城的海滨。由于濒临大海，在涨潮时，汹涌的海水便会排山倒海般地涌入洞中。据测，每天流入洞内的海水量达 3000 万千克。奇怪的是，如此大量的海水灌入洞中，却从来没有把洞灌满。有人怀疑它有一个出口。然而从 20 世纪 30 年代以来，人们做了许多努力，企图寻找它的出口，却都是枉费心机。

为了揭开其中的秘密，1958 年美国地理学会派出一支考察队，他们把一种颜色经久不变的深色颜料溶解在海水里。这种颜料随海水灌入"无底洞"中。接着他们又查看了附近海面以及岛屿上的河流、湖泊，满怀希望地去寻找这种带颜色的海水，可结果令他们非常失望。难道是海水量太大把颜料稀释得太淡，以致人们无法发现？

几年后美国人又进行了一种新的试验，他们制造了一种浅玫瑰色的塑料小粒。这是一种比水略轻，能浮在水上不沉底，又不会被水溶解的塑料粒子。试验者把 130 千克重的这种肩负特殊使命的物质，统统掷入到打旋的海水里。片刻功夫，这些小塑料粒就像一个整体，全部被无底洞吞没。试验者想，只要有一粒在别的地方冒出来，就可以找到"无底洞"的出口了。然而他们在各地水域整整搜寻了一年多时间，仍一无所获。

至今谁也不知道为什么这里的海水没完没了地"漏"下去，每天大量的海水究竟都流到哪里去了呢？

海底玻璃之谜

我们每天都要与各种各样的玻璃制品打交道，如玻璃杯、玻璃灯管、玻璃窗户等等。普通的玻璃，以花岗岩风化而成的硅砂为原料，在高温下熔化，经过成型，冷却后便成为我们所需要的玻璃制品了。

然而，在很难找到花岗岩的大西洋深海海底，居然也发现了许多体积巨大的玻璃块，这真是一件非常奇怪的事。

为了解开这个海底玻璃之谜，英国曼彻斯特大学的科学家们进行了多方面的分析和研究。

首先，这些玻璃块不可能是人工制造以后扔到深海里去的，因为它们的体积巨大，远非人工所能制造。

有些学者认为，这种玻璃的形成，有可能是海底玄武岩受到高压后，同海水中的某些物质发生一种未知的作用，生成了某种胶凝体，从而最终演变为玻璃。如果这属实的话，今后的玻璃生产就可以大大改观了。现在我们制造一块最普通的玻璃，都需要 $1400 \sim 1500℃$ 的高温，而熔化炉所用的耐火材料受到高温玻璃溶液的剧烈侵蚀后，产生有害气体，会影响工人的健康。假如能用高压代替高温，将会彻底改变这种状况。

由于这个设想，有些化学家把发现海底玻璃地区的深海底的花岗岩放在实验室的海水匣里，加压至 400 个大气压力，结果是根本没有形成什么玻璃。那么，奇怪的海底玻璃到底是怎样形成的呢？迄今仍然是一个未能解开的自然之谜。

死海之谜

死海不是海，而是一个内陆湖，它位于巴勒斯坦和约旦之间的裂谷中，湖面比海平面低 392 米，是世界上陆地最低的地方。在希伯来语中，死海被称为"盐海"。这是因为湖水中含盐度为 22%，比一般海水高七八倍，是世界上含盐分最多的一个水域。

在这样高盐度的湖水中，不仅没有鱼虾，甚至连四周岸边都没有任何植物能生存。由于水的密度大，人们可以像躺在床上一样舒适地仰卧在水面上。

长期以来，在死海的前途命运问题上，一直存在着两种截然不同的观点：一种认为，死海在日趋干涸，不久的将来，死海将不复存在；另一种观点则认为，死海并非是没有生命的死水，它的前途无量，是未来的世界大洋。

持前一种观点的人认为，在几千年漫长的岁月中，死海日复一日，年复一年地不断蒸发浓缩，湖水越来越少，盐度越来越高。加上那里终年少雨，夏季气温高达50℃以上，唯一向它供水的约旦河，还要被用于灌溉，所以它面临着水源枯竭的危险。1976 年，死海水位迅速下降，其南部开始干涸。以色列曾想用"输血"的方式——打通死海与地中海——来挽救死海，但地中海本身的平衡也很脆弱，亦有人不敷出之忧。所以，从长远看，死海似乎只有死路一条了。

持后一种观点的人则认为，死海位于著名的叙利亚——非洲大断裂带的最低处，这个大断裂带还处于幼年时期，终有一天，死海底部会产生裂缝，从地壳深处冒出海水，而随着裂缝的不断扩大，会形成一个新的海洋。这一观点的有力佐证是：与死海处于同一构造带上的红海，其海底已发现了一条深 2800 米的大裂缝，并且还在缓慢发展，从地壳深处正不断地冒出水来。

　　80 年代初，人们又发现死海之水正不断变红，科学家们经过分析，发现其中正迅速繁衍着一种红色的小生命——"盐菌"。其数量之多也十分惊人，大约每立方厘米湖水中含有 2000 亿个盐菌。此外，人们发现死海中还有一种单细胞藻类植物。看来，死海已名不副实了。

东非大裂谷之谜

　　东非大裂谷北抵西亚，从靠近伊斯肯德伦港的南土耳其开始，向南一直延伸到非洲东南贝拉港附近的莫桑比克海岸，总长超过 6500 千米，人们称它是"大地上最大的伤疤"。裂谷底部有些地方深不见底，积水形成 40 多个与众不同的条带状或串珠状湖泊群。其中就有全球第二深的湖泊——东非坦噶尼喀湖，水深超过 1400 米。而在未被湖水占据的裂谷带，则是一条巨大而狭长的凹槽沟谷，两边都是陡峻的悬崖峭壁。同时裂谷带也是大陆上最活跃的火山带和地震带。在那里，人们会不断发现一些意想不到的东西。例如在裂

地球上的一道疤痕——东非大裂谷

谷带的基伍湖下层，发现了无机成因的甲烷，储量高达 500 多亿立方米。大多数人认为这些甲烷来自地球深部，溢出地壳溶解于水体中聚集成天然气藏。尽管它的形成机制人们还不清楚，但对于有机成因论无疑是一个有力的挑战。

东非大裂谷也是已知的古人类的最早发源地之一。1959 年，英国人类学家李基夫妇在坦桑尼亚奥杜韦峡谷，发掘到 175 万年前的东非人头盖骨，打破了人类历史不超过 100 万年的传统观点。以后，人们又在坦桑尼亚、肯尼亚和埃塞俄比亚境内的裂谷带中，接二连三找到更多、年代更久远的古人类骨骼化石。东非人的来龙去脉，以及他们为什么选择在裂谷带生活，一直是人类学家潜心探索、孜孜求解的课题。东非大裂谷未来的命运，同样吸引着人类的视线。

1978 年 11 月 6 日，地处吉布提的阿法尔三角区地表突然破裂，阿尔杜科巴火山在几分钟内平地突起，把非洲大陆同阿拉伯半岛又分隔开 1.2 米。科学家们认为，红海和亚丁湾就是这种扩张运动的产物。他们还预言，如果照这种速度继续下去，再过几亿年，东非大裂谷就会被彻底撕裂开，"分娩"出一条新的大洋，就像当年的大西洋一样。但是，反对板块理论的人却认为大陆和大洋的相对位置无论过去和将来都不会有重大改变，地壳活动主要是做上下的垂直运动，裂谷不过是目前的沉降区而已。在它接受了巨厚的沉积之后，将来可能转向上升运动，隆起成高山而不是大洋。东非大裂谷究竟会怎样，看来人类也只有拭目以待了。

海雾弥漫之谜

沿海的人们，尤其是和海打交道的人们，经常会遇到海面上白茫茫的大雾弥漫，甚至浓得对面不见人。对此，行船的人一筹莫展，不敢出海。已经在海上航行的船也特别小心，存在相互碰撞的危险性，每年发生在雾海中的碰撞沉船事故不少。

每当春夏季节，海雾更为频发。海雾是怎样形成的呢？

雾，是低层大气的一种凝结现象，在陆地上和海面上都经常见到。因为海面上水汽更重，所以海雾更为常见，而且往往比陆地上的雾更浓。海雾，就是海面上的底层空气中凝聚结集的无数细小的水滴。海雾是在特定的海洋水文状况和气象条件下形成的：第一，海雾经常发生在那些可以满足成雾条件的海区，并不是所有的海区都经常有雾；第二，海雾的生成和分布具有很强的区域性和季节性。

海雾往往是在春夏季节，一些海区在空气既增湿又降温的条件下生成的。增湿主要靠风场和低压系统向海面上输送水汽，降温主要因海洋湍流的冷却变化，两者合力，使空气达到过饱和的状态，从而形成海雾。

海雾在海上形成后会随风逐流，向风的下游扩展、蔓延。尤其是在近海沿岸地区，海雾往往弥漫于海岸地带，而且可以深入陆地达几十千米。海雾遇到新的环境条件影响，就会变性消散，或变成低云。而在沿海地带，虽然登陆的海雾可以不断消散，但又会有海面上不断生成的新的海雾补充进来，所以沿海地带有时海雾会持续几天。

　　海雾有多种。按雾生成的物理过程和冷却原因，分为"平流雾"、"蒸汽雾"、"混合雾"、"雨雾"和"辐射雾"。

　　"平流雾"是暖水面在与冷海面发生热量交换时，使底层暖空气达到饱和状态，水滴在低空聚集形成的雾，一般在 300～400 米的空中。这种雾浓、范围大、持续时间长，多生成于寒冷区域，春季多见于太平洋的千岛群岛和大西洋的纽芬兰附近海域。雾团半径在几千米到几十千米，大的可达上百千米，随风漂移，时断时续，时淡时浓，持续时间也长，短则几小时，长则十几天。我国春夏季节，东海、黄海区域的海雾多属于这一种。

　　"蒸汽雾"，就是通过水蒸发形成的。当冷空气流经暖水面时，水温高于气温，海面水气压大于空气水汽压，海面强烈蒸发，水汽凝聚物在低空聚集多了，就形成雾，多发生在高纬度的北冰洋及邻近海域。

　　"混合雾"，是海洋上两种温差较大且又较潮湿的空气混合后产生的雾。混合雾因风暴活动产生了湿度接近或达到饱和状态的空气，冷季与来自高纬度地区的冷空气混合形成冷季混合雾，暖季与来自低纬度地区的暖空气混合则形成暖季混合雾。这些雾往往出现在北大西洋和北太平洋的副极地海域，在海岸和港口附近多于早春季节发生。

　　"雨雾"，是随同降水而来的雾，浓度往往很大，对航海的威胁仅次于平流雾，高度在 460 米左右。

　　"辐射雾"，是白天因海水蒸发或浪花破碎，将大量的盐分子输送到空中，待到夜间盐层辐射冷却强烈，致气温下降，空气饱和成雾。这种雾白天停留在低空，宛如低云，夜间下沉海面。

　　这些海雾，以"平流雾"和"蒸汽雾"居多，对航海的影响也最大。

　　海雾是海上行船作业的大敌，但有时候又可以给人们带来好运，使他们转危为安。第二次世界大战时，海雾就曾经拯救了 30 多万盟军。那是第二次世界大战的开始阶段，法西斯德国军队曾猖獗一时，在各个战场上占据主动。1940 年 5 月 24 日，德军在法国北部包围了英、法、比利时三国的盟军部队 33.8 万人。盟军面临后面有德军追击，天空有德军飞机狂轰滥炸，前面又有波涛汹涌、水宽流急的多佛尔海峡拦住去路的危险境地，紧急拼凑了 800 多艘各种船只，决定自 5 月 27 日开始由敦刻尔克经过多佛尔海峡撤退。头三天，在德军飞机不断轰炸下，每天仅可撤走不足万人，德军的坦克又不断逼近，形势相当危急。但到了 5 月 30 日，海上突然弥漫浓浓的大雾，笼罩了多佛尔海峡，使德军飞机看不清下面的轰击目标，毫无办法。盟军抓住这一有利时机，争分夺秒撤退转移，当天就撤走了 5 万多人。浓雾持续了两个昼夜，盟军大部分得以撤离。至日，盟军的 33.8 万人全部逃出了德军的魔掌，转危为安了。

我国大陆海岸线南北长达 1.8 万多千米，跨温、热两个气候带，海中分布着大小 5000 多个岛屿，使雾的性质、地理分布、季节变化更加复杂。我国

2010 年 5 月，50 艘曾经参加过敦刻尔克大撤退的小船舶，参加了 "敦刻尔克大撤退 70 周年" 纪念活动。

沿海、近海的雾集中分布在黄海、东海、台湾海峡以西及华南沿海一带，北纬15度以南没有雾。冬季，东海朔风怒吼，波涛汹涌，北方海域不能形成海雾。南海的雾出现在每年的12月至第二年的4月，以2、3月为最重。这时候东海的雾也开始日渐增多。福建沿海、台湾海峡以每年2~5月为雾季，其中3、4月最为厉害。6月，长江下游梅雨开始，为东海形成了更多的雨雾。入夏，南海、东海盛行东南风，为热带海洋气团控制。此时黄海海雾大作，自6月而后7、8月雾天频率达到最高，月均有雾超过10天。

海雾有其自身的消长规律，掌握了这些规律，海雾也不那么虚无缥缈了。随着海洋气象科学技术的发展，从大陆地面、海中岛屿的气象站到空中的卫星，对全球大气进行监测，"天有不测风云"已成历史。对海雾的预报，尽管影响因素太多、太复杂，也已经越来越准确，可谓"了如指掌"了。

海底"浓烟"之谜

1979 年 3 月，美国海洋学家巴勒带领一批科学家对墨西哥西面北纬 21 度的太平洋进行了一次水下考察。当科学家们乘坐的深水潜艇"阿尔文"号渐渐接近海底时，透过潜艇的舷窗，他们看到了浓雾弥漫下的一根根高达六七米的粗大的烟囱般的石柱顶口喷发出滚滚浓烟。"阿尔文"号向"浓烟"靠近，并将温度探测器伸进"浓烟"中。一看测试结果，科学家们不禁吓了一跳：原来这里的温度竟高达近千摄氏度，经过仔细观察，他们发现"浓烟"原来是一种金属热液"喷泉"，当它遇到寒冷的海水时，便立刻凝结出铜、铁、锌等硫化物，并沉淀在"烟囱"的周围，堆成小丘。他们还注意到，在

这些温度很高的喷口周围，竟形成了一种特殊的生存环境，这里就像是沙漠中的绿洲，生活着许多贝类、蠕虫类和其他的动物群落。

巴勒等人的发现引起了科学界的极大兴趣。美国密执安大学的奥温认为，这种海底"喷泉"可能与地球气候的变化有着密切的联系。

奥温在研究了从东太平洋海底获取的沉积物和岩样以后，发现在 2000 ~ 5000 万年前的沉积物中，铁的含量为现在的 5 ~ 10 倍，钙的含量则为现在的 3 倍。为什么沉积物中钙、铁等的含量这样高？奥温认为这可能与海底喷泉活动的增强有关。

据此，奥温又进一步认为，当海底喷泉活动增强时，所喷出的物质与海水中的硫酸氢钙发生反应，析出二氧化碳。已知现在的海底喷泉提供给大气的二氧化碳，占大气中二氧化碳自然来源的 14% ~ 22%。因此，当钙的析出量为现在的 3 倍时，大气中二氧化碳的含量必将大大增加，估计大约相当于现在的 2 倍左右。众所周知，二氧化碳含量的增加将会产生明显的温室效应，从而使全球的气温普遍升高，以至极地也出现温暖的气候。

在海底"浓烟"中还隐藏着什么秘密呢？对于科学家们新的发现，人们正拭目以待。

海底古老岩石之谜

　　科学家们在大西洋中脊一带的海底发现，这里的海底就像是一个被打破的鸡蛋，到处都是像刚刚流出来的蛋黄一般的岩浆凝固而成的岩石，有的像钢管，有的像薄板，还有的像绳子、棉纱，甚至像被挤出来的牙膏……这些岩石的表面，还有一层恰似骤然冷却的玻璃质外壳。他们还发现有许多切过裂谷底部、深不见底的裂缝。总之，种种迹象表明，正如海底扩张和板块构造理论所认为的那样，这里是新生地壳的发源地，地幔物质正是通过那些深不可测的裂缝上升，并推挤着两旁的海底向外扩张；而证明这里的岩石，正像板块构造理论所要求的那样，其年龄值趋近于零。

　　然而，事物是复杂的，尽管有着这次实际观察资料作为证据，但人们也发现一些与板块构造理论不相符合的事实。其中最引人注目的也正是在另外一些大洋中脊发现的古老得多的岩石。

　　早在 1947 年，美国哥伦比亚大学所属的拉蒙特—多尔蒂地质研究所的"阿特兰蒂斯"号海洋考察船，就曾在北纬 30 度的大西洋中脊，采集到几块变质玄武岩样品。经用钾—氩法测定，这些岩石的年龄值为 4800 万年。由于当时板块理论尚未提出，人们也就没有对这一年龄值提出怀疑。后来，虽然海底扩张和板块构造理论问世了，但理论的倡导者们又完全忽略了这一事实。断言大洋中脊是新生岩石诞生的场所。有人提出质疑，有些板块构造的支持者则以年龄测定误差来应付。

　　20 世纪 60 年代后期，有人决定对这些变质玄武岩进行重新检验。为了防止钾—氩法可能出现的误差，他们采用了一种更先进更准确的氩—氩法。实测的结果使人们不禁吓了一跳，因为其结果表明，这些变质玄武岩的年龄不是像板块构造理论的支持者们所期望的那样变小了，而是变得更大了，为 1.7 亿年。

这个毋庸置疑的数据，使海底扩张和板块构造理论的支持者们大伤脑筋。著名的板块构造说的创立者之一勒皮雄不得不为此发表一个声明，声称他很熟悉这些变质玄武岩的采掘情况，认为这一年龄值可能与样品采集后混入的外界物质有关，不能代表岩石的真实年龄。他还认为这些岩石在海底的原始位置也值得怀疑。也就是说，这些岩石不是大洋中脊的原生岩石，而是来自陆地。譬如在高纬度地区，那里的陆地岩石被冰川刻蚀下来后，会和冰块一起坠入海洋成为冰山，随着海水漂移，当冰山融化以后，岩石便沉入海底。

然而，人们很快指出，这些岩石的采样位置位于北纬30度，冰山是不可能向南漂移如此之远的，即是在第四纪冰期时也不存在这种可能。同时，岩石学研究也证明，这些变质玄武岩的岩石化学特征和岩石结构特征，都清晰地证明它们是一种海洋玄武岩，而非来自陆地。另外，也没有证据表明，它们在采掘后遭到了什么严重的污染，相反却可以说明，测定的年龄值是可靠的。何况，类似的情况，在大西洋中脊的其他地方也有发现，那里，人们找到了不仅年龄老而且属于浅水成因的沉积岩，甚至古老的陆壳残余——片麻状花岗岩。

所有这些事实使研究者们不得不另寻解释的途径。曾对这些岩石进行氮—氩法测定的米诺路·奥兹玛认为，这些岩石是大西洋破裂和扩张前存在的或初期形成的，以后尽管地幔物质上涌导致海底扩张，但这些岩石的部分破碎块体却可能因断裂的关系，被保留在上涌带的顶部，没有受到扩张的影响。

有意思的是，不仅大西洋中脊有这种奇怪的岩石，同样，在西印度洋海岭上人们也采掘到年龄为5.15亿年的古生代花岗岩。

如果说大西洋中脊和西印度洋海岭上的这些古老岩石，还可以用奥兹玛的理论来进行解释，那么，1982年前苏联"拉普捷夫"号考察船在太平洋中的发现，就使人们如坠雾中了。"拉普捷夫"号在太平洋中心用洋底铲掘器从基岩露头面上采取到一大块的岩石，竟然是代表古老陆壳的花岗片麻岩。大家知道，这里不是太平洋中脊的所在地，当然无法用奥兹玛的理论来解释，那么它又是怎样来到这里的呢？

海底深渊之谜

　　1960 年 1 月 23 日，太平洋西缘马里亚纳海沟的洋面上，惊涛奔涌，狂风怒号。有两位勇敢的科学家乘坐在美国"的里雅斯特"号深潜艇里。潜艇凭借着压载钢球的重量，就像天女下凡似的直向地球的深渊飘落下去。两个多小时后，人类终于第一次到达海底的最深处。水压计指示这里的水深是 11000 米，这比珠穆朗玛峰的海拔高度还要大 2000 多米。11 千米高的水柱压到了深潜艇身上，它的分量恐怕不下于当年压在孙猴子身上的五指山。潜艇承受了大约 15 万吨重的压力。虽然潜艇的壳体由一种强度特高的合金钢制成，它的直径仍然被压缩了 1.5 毫米。

　　海底的深沟，是由坚硬的岩石组成，海底上盖着薄薄的一层泥沙。沟底的软泥，有的来自繁殖于海面上的微小生物的遗体。因为它们太小、太轻了，从海面沉到海底，大约得一年光景。另外，沟坡上的泥沙偶尔也会崩落到沟底。海沟的上部比较开阔，越往下，渐渐缩窄，与长江三峡等陆上峡谷的情形相仿。可是，就规模大小来说，名扬中外的长江三峡，摆到深逾万米的马里亚纳海沟面前，那就惭愧得很，只不过是巨人面前的侏儒罢了。

　　世界海洋的平均深度不到 4000 米，而全球 19 条海沟的水深却都在 7000 米以上，是名副其实的海底深渊。多少年来，科学家们一直在苦苦思索：海沟为什么会这样深？难道它仅仅是海底上一种偶然的起伏不平？

　　在海底的深渊里，终年暗无天日。这里见不到海面上的浪涛，也听不见人世间的喧嚣。它是如此的幽深，莫非已临近传说中的地狱冥城？

　　直到 20 世纪 60 年代，地球科学家才渐渐明白：就在这寂静诡秘的世界里，正发生着一桩惊心动魄的事情。

原来，海底的深渊，果然就是"地狱"的入口处——海底地壳就在这儿被一股疯狂的无形的力拖进地底去了。

　　海底最深的地方，并不像某些人所想象的，是在大洋的中央。恰恰相反，19 条海沟几乎都处在大洋的边缘。而且，绝大多数海沟环绕在太平洋的周围地带。海沟或者与大洋边缘的群岛配对，例如，日本海沟、琉球海沟和菲律宾海沟等就紧挨在日本群岛、琉球群岛和菲律宾群岛边上，海沟、群岛形影相随。海沟也可以与大陆边缘的海岸山脉相伴，例如，与南美洲安第斯山平行排列的，是太平洋东南缘的秘鲁—智利海沟。海底地壳在海沟底并不是直着身子被拖进地球的内部，而是倾斜地插入旁边的群岛或大陆底下。

　　现在我们可以明白，海沟之所以这样深，就是因为海底在这儿向下弯曲，沉潜到相邻大陆或群岛之下的缘故。这情景很像水面上的冰块，一个冰块斜插到另一冰块之下，两个冰块相互重叠起来。在海沟附近，大陆地块骑跨在海底地块之上，陆块向上仰冲，被高高地抬起来；海底则向下俯冲，深深地下陷。目前，南美洲的安第斯山上冲到六七千米的高度，旁边的智利海沟却沉于海面下 7000 余米，二者高差将近 1.4 万米。这是地球表面上最大的起伏不平。

　　当然，浩大的地壳块体毕竟不是冰块。我们粗略估算一下，太平洋地块的重量大约有 2000 亿亿吨。这样一个庞然大物强行冲进大陆地块之下，自然非同小可，必定会弄出些骇人的事变来。

　　1923 年 9 月 1 日中午，邻近日本海沟的东京、横滨一带，大地突然颤抖起来了，在几秒钟以内房屋纷纷倒塌。当时多数人家正在做午餐，火炉翻倒，许多地方腾起了熊熊大火。居民们挣扎着逃出屋外，每个人都在仓皇地奔逃，可是，谁也不知道要跑到哪里去，许多人漫无目的地乱兜着圈子，街道上越来越拥挤不堪。终于，有人省悟过来了：要尽快逃离这坍塌和燃烧着的闹市区。歇斯底里的人群争先恐后，一片混乱。在这场著名的关东大地震以及由它导致的大火中，大约 55 亿日元的财产毁于一旦，伤亡人数达 24 万。

　　事实上，全球 80% 的地震都集中在太平洋周围的海沟以及它附近的大陆和群岛区。这些地震每年释放出的能量，足以举起整座喜马拉雅山，或者说，可以与爆炸10万颗原子弹相比拟。并且，陆地上的大多数火山也集中在环绕太平洋的周围地带，所以这一带有"火环"之称。

太平洋周围火山地震特别多，这些地质学家早就知道。可是，其缘故过去一直说不大清楚。现在，总算真相大白了。太平洋周缘火山、地震的肇事者，就是海底地壳沿着海沟的俯冲。在海底地壳和大陆地壳相互冲撞的海沟邻近地带，有史以来地震灾害大约夺走了几百万人的生命，他们实际上是死于地壳运行的"车祸"之中。

地震发生的深度也很有规律。在海沟附近，地震震源比较浅，向着大陆方面，震源的深度逐渐变大。把这许多地震震源排列起来，刚好组成一个从海沟向大陆一侧倾斜下去的斜面。这个倾斜的震源面实际上标出了海底地块向大陆一侧俯冲下去的踪迹。

后来，地球物理学家还算出了各条海沟的海底俯冲速度，它们大多在每年7~8厘米左右。千岛海沟、日本海沟、菲律宾海沟等仿佛是无底的陷阱，西北太平洋海底正以每年近10厘米的速度钻入其中，于是，这些海沟两侧的地块渐渐聚合靠拢。比如上海与太平洋中的夏威夷群岛之间的距离就一直在缩短，夏威夷群岛正随着太平洋海底向西偏北方向移动。夏威夷群岛的檀香山，如今是游览胜地，何等的繁华，但在几千万年后，檀香山连同整个夏威夷群岛都将葬身于日本海沟，而被拖进"地狱"之中。

太平洋周围的海沟好似一张张吞食海底的大口。若干亿年后，整个太平洋闭合消失了，中国大陆有可能与美国大陆碰撞相遇，在两国之间将会升起一座像喜马拉雅山那样高峻的山岳。因为在1亿多年前，印度与我国西藏之间就曾隔着一个辽阔的古地中海。在当时，古地中海北缘也有吞食海底的深沟。大约4000万年前，古地中海合拢了，印度与我国西藏碰撞在一起，就仿佛汽车相撞使车头变形一样，印度和我国西藏之间的部分受到挤压拱起来。高耸入云的喜马拉雅山便是这样形成的。

如此看来，海沟的存在，对于大陆漂移运动是不可少的。当一块大陆向前漂移时，难免要盖没前方的海底。这部分海底正是通过海沟这张大口俯冲潜没于相邻大陆之下。所以在一块漂移着的大陆的前缘，一般都展布着一列

列的海沟。向西漂移的美洲大陆，其前缘是中美海沟、秘鲁—智利海沟。随着美洲大陆向西漂移，它前方的太平洋收缩了，后面的大西洋则扩展开来。向东漂移的欧亚大陆，其前缘有日本、琉球、菲律宾、马里亚纳等海沟。太平洋周围的大陆（欧亚、澳大利亚和美洲大陆）的漂移方向，大体上都指向太平洋内部。

　　地球内部物质不停地沿着大洋中部的裂谷喷吐出来，生成新的海底，并缓缓向两侧扩张推移，在大洋边缘的海沟里，老的海底被消灭，重新返回到地球内部。海底犹如不息的传送带，有生有灭，不断地更新。有的大洋海底生的多，灭的少，如缺少海沟的大西洋、印度洋不断扩展；有的大洋海底生的少，灭的多，如太平洋，则渐渐萎缩。我们的地球表面，就是由漂移着的大陆和变动着（扩张或收缩着）的大洋所组成。

海底磁性条带成因之谜

19世纪末，著名科学家居里在自己的实验室里，发现磁石的一个特性，就是当磁石加热到一定温度时，原来的磁性会消失。后来，人们把这个温度叫"居里点"。组成地壳的岩石含有铁矿物质，在成岩过程中因受到地磁场的磁化作用，获得微弱磁性。显而易见，被磁化的岩石与当时的地磁场是一致的。人们还发现，无论地磁场怎样改换方向，只要它的温度不高于居里点，岩石已形成的磁性是不会改变的。也就是说，只要能测出岩石的磁性，也就能推知当时的地磁方向，这就是人们常说的化石磁性。正如地层中的生物化石一样，化石磁性完全可以用来指示地层形成时的环境条件，可以用来指示岩石形成时的地磁场强度及其方向。研究地球历史的地磁场变化规律的学说，叫做古地磁说。

为了寻找大陆漂移说的新证据，从20世纪40年代后期开始，古地磁学家把研究的重点转向大洋底部。

第二次世界大战结束之后，人们对海洋的探测技术有了很大提高，高灵敏度的磁力探测仪研制出来，并被运用到海洋调查中。首先进行这项研究工作的是美国哥伦比亚大学的拉蒙特地质研究所和斯克利普斯海洋研究所。这两个研究所的地质学家共同合作，从1948年开始，用了近10年时间，使用拖曳式磁力仪，在大西洋中脊上的海面上，往返航行近20个航次，进行古地磁调查。之后，另外一艘美国海洋调查船"先驱者号"在美国政府的资助下，使用全磁场磁力仪，以密集的测线和站位布点，对太平洋特定海域进行了古地磁测量。这两次调查，使人们获得了较为系统的大面积洋壳岩石磁性资料。科学家把所获取的古地磁资料进行对比分析，然后把磁力强度相同的洋底岩石用等值线的方式标绘在地图上。结果人们惊奇地发现，这些等磁力线条带，大都呈南北方向平行于大洋中脊两侧，而且磁性正负相间，每个条带长约数百千米，宽度多在数十千米。磁化强度很高的海底磁性体，形成了正向磁性条带，而相邻近的磁化很弱的海底磁性体，则形成负向磁性条带。分布在大洋底部的一条条磁性条带，就像是海底岩石呈条带状被磁化后引起的。海底磁性条带的发现，成为当时地学研究的一大奇迹，它的成因机理也是人们探讨的课题。

海底磁性条带被发现之后，引起世界各国地质学家的极大兴趣。人们对海底磁性条带的形成机理，提出过种种假说。在众多假说中，最有代表性的是英国剑桥大学的两位学者，一个叫瓦因，另一个叫马修斯。这两位学者提出的海底磁性条带成因假说，直到今天仍为大多数地质学家们所接受、所承认。

从1963年开始，瓦因和马修斯就对人们已经获得的一大堆海底磁性条带的资料进行研究，力求找到海底磁性条带成因机理和它存在的地学意义。在他俩从事这项研究之前，海底扩张说已在地学研究领域中初步形成，特别是著名地质学家赫斯提出的"盖奥特"（即平顶海山）成因说理论对海底扩张说提出了有力证据。早先魏格纳提出的大陆板块说被冷落一段时间之后，又再度兴起。在这种背景下，这两位英国学者，把自己的研究和海底扩张说联系在一起，力图从古地磁学的角度来解释海底扩张说。瓦因和马修斯认为，海底磁性条带的出现，不是由于磁化强弱不均引起的，而是由于某种原因，在地磁场转向的背景之下形成的。当新的海底岩石在大洋中脊形成之时，如果当时地磁场正处在正向时，那么，就能获得正向岩性磁性条带；反之，则得到反向岩性磁性条带。这就是说，由于海底发生扩张，具有正向的海底岩石将被后来形成的新岩石推向两侧；如果此时处在反向地磁场的地质时期，形成的岩石当然具有反向磁性。在地球的地质演化过程中，地磁场曾发生多次反复转向，伴随的是新洋壳沿中脊不断地形成，不断扩张。这就在今天的洋壳上留下一系列磁化方向正反相间的磁性条带。从海底磁性条带分布的情况看，每次地磁场转向，都在当时新形成的海底上留下磁向的标记。也就是说，海底磁性条带实际上可以被看做是地球磁场不断转向的历史记录。

从另外一个方面来讲，假如世界上各大陆自古以来从来就未发生过移动的话，那么地球上只能留下一条磁极迁移线。但是，地质资料告诉人们的事实是地球上有许多条极向不同的磁性迁移线。通过技术手段，人们在北美洲和欧洲大陆上，分别测得北磁极的迁移线，尽管北美和欧洲相距遥远，但磁极迁移线却十分相似，而且几乎是平行的。如果想把它们合并成一条线，只要把北美大陆向东移动 3000 千米，使两块大陆连接起来，形成一个完整的大陆板块。这个大陆块正好占据了大西洋今天的位置。这种推理假说如果成立的话，不正好与半个世纪之前，魏格纳提出的"大陆漂移说"不谋而合了吗？

瓦因和马修斯关于海底磁性条带的解释，又使"海底扩张说"得到一个有力的证据，人们有理由相信，地球上的大陆是在漂移的。

如果"海底扩张说"和瓦因、马修斯的假说是正确的话，那么，合乎逻辑的推理是，组成大西洋的岩石年龄不应该是均一的，而应该是有差异的。对此，加拿大地质学家威尔逊的研究小组，在 1963 年对大西洋洋底年龄进行了测定，通过丰富的资料分析，以及使用多种测年手段，果然印证了上述推理的存在。人们发现，在大西洋上，几乎所有的岛屿都是火山岛，它们的年龄相差十分悬殊。科学家们发现这样一个规律，越是靠近大洋中脊的洋壳，年龄越轻；越是远离大洋中脊的洋壳，年龄也越大。例如，地处大洋中脊上的扬马延岛的年龄只有 1000 万年，离洋中脊较远的百慕大群岛的年龄则是 3600 万年，远离大洋中脊快要靠近非洲西海岸的裴尔南多波岛和普林西比岛的年龄最大，有几亿年。威尔逊研究小组发现的大西洋火山年龄及其分布规律，是海底扩张说和瓦因、马修斯假说的一个极有力的证据。这与大西洋是在侏罗纪（距今约 1.5 亿年前）开始形成的说法相吻合。

假说毕竟是假说，今天，科学家们仍然在对海底磁性条带进行研究探索。海底磁性条带的许多未解之谜，仍然是科学家们研究的课题。例如，是什么原因使地球磁场发生转向和地球为什么是一个巨大的磁性星体一样，让人们感到迷惑不解。地球发生磁场转向的内在机理是什么？是周期性的，还是非周期性的？今后地球的磁极还会转向吗？地磁场发生转向对地球的影响是什么？这种种问题，都是摆在科学家面前的难题。

早先，对于地球磁场机理，前苏联科学家提出过"发电机说"。他们认为，地球内部的物质运动就像一个发电机，不断产生电场，使地球磁化，成为一个磁体。地球内部物质运动状态不同，则造成地球的磁性转向。这是从地球的内在因素提出的一种假说。地质学家又从太阳黑子的出现来认识地球的磁性变化。他们认为，太阳黑子的大规模出现是地球磁性变化的直接诱因。今天，更多的学者似乎赞成地球内的软流层是决定地磁场变化的主要因素。人们普遍认为，地球的外壳是由坚硬的岩石圈组成，在岩石圈之下，蛰伏着由炽热熔融物质组成的软流圈。尽管人们对地壳下软流层系的存在方式还不清楚，但可以推断，软流层系的流动方式直接影响地球磁场变化。在地球地质历史过程中，软流圈物质按照自己的规律运动着，或是上涌，或是在岩石圈子做某种方式的流动。这种软流圈的存在和活动决定地球磁场的存在和变化。然而，有谁能真正了解地球内软流层系的变化规律呢？这其中的奥秘有待于科学家们进行更深入的研究和探索。

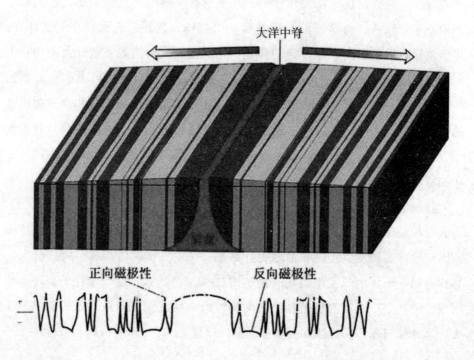

海水起源之谜

一直以来，人们普遍都认为，海水是地球本身所固有的。当地球从原始太阳星云中凝聚出来的时候，便携带着这部分水。起初它们只是以结构水、结晶水等形式存在于矿物和岩石之中。后来，随着地球的不断演化，轻重物质的分离，它们便逐渐从矿物、岩石中释放出来，成为海水的来源。据此，一些人认为，这些水便是从地球深部释放出来的"初生水"。

然而，事情的进一步发展却大大超出了当时人们的想象：当人们对这种所谓的火山"初生水"进行同位素研究时，却意外地发现，它们是由与地面水具有十分相似的同位素组成的，结果表明，它们实际上只不过是渗入地下然后又重新循环到地表的地面水。

有人认为，地球上的水，至少是大部分水，不是地球所固有的，而是撞入地球的彗星带来的。近年，美国爱荷华大学的一些科学家，从人造卫星发回的数千张地球大气紫外辐射照片中发现了一个惊人的事实：在圆盘状的地球图像上总有一些奇怪的小黑斑。每个小黑斑大约只存在二三分钟，面积却很大，约有2000平方千米。经过仔细检测分析后，他们一致认为，这些斑点是一些由冰块组成的小彗星冲入地球大气层造成的，是这种陨冰由于摩擦生热转化成水蒸气的结果。从照片还可估算出每分钟约有20颗这种小彗星进入地球，若其平均直径为10米，则每分钟就有1000立方米水进入地球，一年即可达0.5立方千米左右。据此可以推论，自地球形成至今的46亿年中，已有23亿立方千米的彗星水进入地球。这个数字显然大大超过现有的海水总量。因此，爱荷华大学的科学家们的意见是否可靠，还有待验证。

另一些科学家相信水是地球固有的。他们指出，虽然有证据表明火山蒸气与热泉水是主要来自地面水的循环，但却不排斥其中可能混有少量真正的"初生水"。据计算，如果过去的地球一直维持与现在火山活动时所释放出来水汽总量相同的水汽释放量，那么几十亿年来的累计总量将是现在地球大气和海洋总体积的100倍。所以他们认为，其中99%是周而复始不断循环的水，但却有1%是来自地幔的"初生水"，而正是这部分水构成了海水的来源。

还有一部分学者认为，因为地球条件适中，才能使原有的水能够长期保存下来。因此，他们认为，不能从地球目前的贫水状态来推论地球早期也是贫水的。

总之，至今为止，关于海水来源的争论，仍然有很多种意见一直相持不下。要想揭开谜底，仍然需要很长的时间和付出艰辛的努力。

特提斯洋演化之谜

众所周知，喜马拉雅山历来都被称作世界屋脊。然而，近代地质学家们通过大量的研究发现：沿阿尔卑斯——喜马拉雅一带，分布着大量侏罗纪的海相沉积。1885年，奥地利学者诺伊迈尔首先指出，当时沿这一带曾有着一条海水通道。1893年，他的岳父——著名奥地利学者修斯进一步提出，这一侏罗纪海域实际上是一个洋，它位于北方大陆与冈瓦纳大陆之间，后来因为遭受挤压而消失。其变形岩石形成了今日所见的阿尔卑斯——喜马拉雅山系。为了强调它不是浅海，而是深洋，修斯把它命名为"特提斯洋"。特提斯是希腊神话中大洋神的妻子和妹妹。现在，特提斯洋差不多已完全消失，仅留下残存的地中海，所以特提斯洋也叫古地中海。

20世纪70年代晚期以来，人们已经在侏罗纪白垩纪蛇绿岩带以北，沿高加索、帕米尔、藏北至金沙江一带，找到了二叠纪、三叠纪的蛇绿岩带。于是，学者们划分了两个时代的特提斯，即二叠纪、三叠纪的特提斯洋和修斯所称的侏罗纪及更晚时期的新特提斯。

特提斯洋是怎样演化而最终消失的？对此也有不同的看法。我国著名学者黄汲清等认为，二叠纪期间冈瓦纳大陆曾整体向北漂移，至二叠纪末与亚洲大陆碰撞汇合，其间的古特提斯洋闭合消逝；至三叠纪，已聚合的大陆再度分裂，分裂线移至雅鲁藏布江一带，冈瓦纳大陆脱离亚洲大陆南移，其间张开了新特提斯洋，原属冈瓦纳的西藏地块此时被留在新特提斯洋以北的亚洲大陆上；白垩纪以来，印度从冈瓦纳大陆分裂出来向北漂移，印度以北的新特提斯洋收缩变窄；大约4000多万年前，印度与亚洲大陆主体碰撞，在此演化过程中，古特提斯洋关闭，新特提斯洋开启，这一闭合方式被称为"手风琴式"。若特提斯洋确以该方式演化，则当时印度（冈瓦纳大陆的组成部分）经历了北移——南移——再度北移的复杂历程。可是，印度的古地磁资料表明，原处于南半球高纬地区的印度自二叠纪以来并未发生过向南漂移的过程，在早期其所处纬度变化不大，白垩纪以来曾经快速北移。

我国另一些学者以及某些国外学者则认为，并不是冈瓦纳整体地向北漂移，而是冈瓦纳大陆北缘曾分裂出一些陆块向北漂移，并相继连接到欧亚大陆上。土耳其青年学者森戈尔比较详细地论述了这一过程：二叠纪末至三叠纪，从冈瓦纳北缘裂出一个狭长的基米里大陆，它包括现今巴尔干、土耳其、伊朗、阿富汗、西藏等地，在基米里大陆与原冈瓦纳之间打开了新特提斯洋；此后，基米里大陆作逆时针旋转并向北漂移，其前方与欧亚大陆之间的大洋趋于关闭；三叠纪晚期至侏罗纪早期，随着基米里大陆与欧亚大陆碰撞，并成为欧亚大陆的组成部分，古特提斯洋完全消逝，而其南面的新特提斯洋达到较大的规模；白垩纪早期，印度从冈瓦纳分裂出来向北漂移，最终与亚洲主体碰撞，导致新特提斯洋的关闭和喜马拉雅山的形成。现今的雅鲁藏布江蛇绿岩带便是已消逝的新特提斯洋遗留下的痕迹，人们称之为聚合带。西藏北部的可可西里—金沙江断裂带和班公湖—怒江断裂带上，见有时代更老的蛇绿岩带，它们是古特提斯洋的遗迹，属于更早时期形成的地缝合线。

由此看来，已经有两个时代不同的特提斯先后闭合消逝于欧亚大陆的内部。在大洋闭合和大陆碰撞的过程中，升起了巍峨山系，形成了世界屋脊。因此，特提斯洋究竟是浩瀚的大洋，还是狭窄的小洋，它的闭合过程是分小块北漂式还是手风琴式，迄今仍存在着完全对立的意见。我们期待着新的研究成果能揭开特提斯洋演化之谜，这对于阐明大洋盆地的发展和消亡过程，无疑是深有意义的。

莫霍面之谜

早在 20 世纪 50 年代，美国两位年轻的海洋科学家就在酝酿着一个大胆的科学研究计划——深海钻探计划。他们最初的目的，是花钱去建造一艘海洋钻探船，开到大洋上，找到适当位置，在大洋底钻一些钻孔，取出洋底的岩芯，用来观察和研究莫霍面的性质。

什么是"莫霍面"呢？它是指在地球地壳与下面的地幔间存在的那个过渡界面，这个界面是南斯拉夫地球物理学家莫霍洛维奇，在研究地震波在地壳内部传播时第一次发现的。为了纪念莫氏的功绩，地球物理学界便把这个界面叫做"莫霍面"。

现在已经知道，莫霍面处于大陆平均深度 30 千米左右，在海洋底平均深度为 5 千米左右。其中在大洋中脊一带还要大大小于 5 千米的深度，有人推测，有的地方可能只有 1 千米左右。

后来，人们把这项科学考察计划叫做"莫霍面计划"。

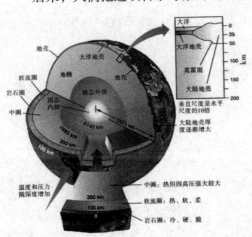

"莫霍面计划"提出后不久，就得到了美国国会的批准，并收到一笔数量可观的经费支持。1961 年计划正式开始实施。当时，科学家们建造了一艘叫"卡斯一"号的科学钻探船，在美国西海岸外的东太平洋上，进行了第一次深海钻探。此地的海水深度为 3500 米，下面属太平洋底的洋底地壳。深海钻探钻进洋壳达 183 米，虽说这个深度离地壳底还差得很远，但毕竟是人类有史以来第一次得到大洋底的岩芯。

由于技术与经费等原因，此项计划于 1966 年夭折，钻透地壳的梦想也没有实现。但是，"莫霍面计划"仍然取得了非凡的成功，它向世界宣告，人类向深海进军的号角吹响了！

自"莫霍面计划"开始，接着是深海钻探计划，一直到今天，已连续开展工作达 40 多年。科学家们从大西洋的大洋中脊，到东太平洋的海隆；从印度洋、地中海到南极洲海岸外，遍访世界各大洋许多海区，取得了前所未有的科学成果，使人们对于海洋地质、地壳演化认识有了一个质的飞跃。一个被称为引起地球科学革命的崭新的学说——海底扩张与板块学说正式确立，成为主导今天地球科学最基本的理论框架。

深海钻探采到了距今 1.7 亿年以前（中侏罗纪）的大洋底最古老的地层，在这些古老地层中找到不少化石新种。另外，在调查中发现大量海底火山、海底热泉、大片的锰结核分布区，以及油气、多金属软泥、硫化金属矿床等有用矿体，为日后全球海洋大开发提供了大量有用的资料。

然而，丰厚的科学成果并没有实现两个美国年轻人最初的梦想。当然，人们也不能通过这些有限深度的钻孔去了解更深层的海底奥秘。

我们相信，随着科学技术的发展，人类总会有一天实现自己追求的奋斗目标，尽管这个目标现在看来还十分遥远，要走的路仍然很长很长。

古扬子海消失之谜

我国大陆西起四川、云南的东部，东到江浙沿海的长江中下游地区，由于有长江穿流而过，故称为"扬子地区"。这里山河秀丽，物产丰富，文化历史悠久，被誉为我国人杰地灵的半壁江山。目前，扬子地区西部是山峦峻拔的云贵高原和富足的四川盆地，东部是连绵起伏的丘陵山地和平畴千里的沿海长江三角洲平原。地质工作者证实，这一地区是经过漫长的地质发展历史和剧烈的地壳运动以后才显露出来的。然而，你可知道，6亿年前的扬子地区曾有过一段海洋——古扬子海的历史吗？大海历时36亿年，在距今24亿年前，又神秘地消失了。

根据古扬子海中保留的沉积岩和岩石中的动植物化石分析，人们了解到，当时古扬子海大部分时间处于温暖的气候环境之中，相当于目前热带—亚热

古扬子海的生物遗迹

带的情况。温暖湿润的气候，使海洋生物大量繁殖，它们死亡后的骨骼堆积在海底，形成巨厚的碳酸钙沉积。经过长期的变化，这些沉积就成为目前陆地上数千米厚的石灰岩。在海陆交互地带，还形成了煤等矿藏。当气候炎热干燥时，海水大量蒸发，海底便形成了石膏和白云岩沉积。古扬子海西部，地壳活动显著，局部地区的海底抬升，成为陆地，或形成一些岛屿。众多的岛屿连成一串，成为岛弧。距今 2 亿多年时，目前峨眉山所在位置有岩浆从深处喷发上来，形成巨厚的玄武岩层，构成今日峨眉山的一部分。古扬子海的东部，大部分时间则是稳定而宁静的海洋。

从地层中所保存的生物化石看来，古扬子海并不是一个孤立的海洋，它的东部穿过目前东海与广阔的太平洋相通；西部与一系列海盆相连，直达印度洋和大西洋，因为这里既有大西洋的生物群化石，又有太平洋中的生物群化石。古扬子海底沉积岩中含有丰富的磷、铁、锰、钒、铀等金属矿产和石油、天然气、石膏、岩盐等非金属矿产，水泥原料石灰岩更是普遍。

然而，距今 2.4 亿年前，古扬子海消失了。这一现象，引起了学者们的争论。我国学者黄汲清等认为，这是地壳上升，海水渐渐从东西两侧退出去的结果。在海底上升的同时，花岗岩等岩浆侵入上来，带来了铁、铜、铅、锌、锑、金和汞等金属矿产。板块学说的拥护者们则有不同的看法。许靖华教授等认为，古扬子海介于华北板块与华南板块之间，由于南北两地块不断靠拢，把海水挤了出去，因而造成古扬子海的消失。然而，无论是升沉说还是板块扩张说，都很难证据确凿地证实升沉或扩张的原动力所在。

大西洋中脊之谜

仅次于太平洋的世界第二大洋——大西洋，是古罗马人根据非洲西北部的阿特拉斯山脉命名的。大西洋也是最年轻的海洋，它是由大陆漂移引起美洲大陆与欧洲和非洲大陆分离后而形成的，分离的中央是大西洋海岭，它是地球上最大的山脉——大西洋中脊的一部分，大洋中脊绵亘4万多海里，宽约1500千米。

很多年以前，有经验的航海家横渡大西洋时，就感觉到大西洋中部似乎有一条平行于子午线的水下山脊。随着深海测量技术的发展和海洋地质工作者的不断深入探索，人们已经证实了这条巨大的大西洋中脊的存在。

大西洋中脊有一个引人注目的特点就是沿着中脊的轴部，有一条纵向的中央裂谷。它把脊岭从中间劈开，像尖刀一样插入海脊中央。由"无畏"号和"发现"号考察船证实，断裂谷深度在3250～4000米之间，宽9000米。大裂谷中央完全没有或者只有薄层沉积物，表明这个区域的洋底是由新形成的岩石构成的。曾两次潜入大西洋中脊裂谷的海尔茨勒说："我的印象是，海底就像一个来回游荡并捣毁着的大力士，而且很明显它是一个正在忙着制造

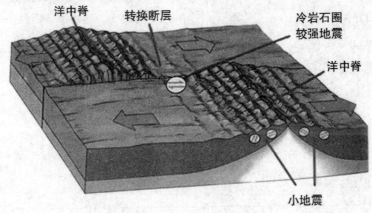

地震和火山的可怕的地方。"科学家通过潜水器的窗孔，看到了一些人类从未见过的景象，如一些洋底基岩就像一个巨大的破鸡蛋，其流出的蛋黄，则像刚流出来就被冷凝似的（一团团岩浆从地球深处被挤上来，当它和极冷的海水接触时，很快就在它的周围凝成一层外壳。后来外壳破了，里面的熔融体就流出来形成这种外观）。潜水器里的科学家还看到裂谷底面有许多很深的裂隙，见到一块块玻璃状外壳，还有长在熔岩上面的像蘑菇盖般的岩石以及各种奇形怪状的巨大熔岩体。它们有的像一条钢管，有的像一块薄板，有的像绳子或圆锥体，有的像一卷卷棉纱或被挤出来的牙膏。1973 年 8 月，"阿基米德"号深海潜水器曾对正在升起的一座"维纳斯"火山进行了探查，对所采的海底岩石样品进行年龄测定，发现其年龄尚不到 1 万年，这证明它是大裂谷底部最年轻的岩石。这个事实告诉我们，新涌上来的岩浆曾在这个裂谷的正中央形成新的地壳。1974 年，就在上述潜水器观察过的附近，科学家从583 米深处的熔岩层中采取了岩心样品。有意思的是，在大洋玄武岩基底上的沉积物年代，竟随它距大西洋中脊轴线距离的增加而变老，每一钻探点洋底以下的沉积物年代，又随深度的增加而增加。因此，深海钻探资料明确支持这样的观点，南大西洋洋底自 6500 万年以来，一直以平均每年 4 厘米的速度向两侧分离开来。

现在，虽然再也没有人认为大西洋中脊的形成是"莫名其妙"的了，但关于它的许多问题，特别是大西洋中脊的岩石如何能沿水平方向推移开去构成新的洋底等一系列带根本性质的问题，仍有许多争论，人们都期待着更有说服力的答案。

第五章

海洋污染

陆源污染：海洋变成脏水池

美丽而又辽阔富饶的海洋，是我们人类以及地球上所有生命共同的母亲。地球上最原始的生命便是起源于海洋。特别是从我们人类社会诞生以来，在千百万年的岁月之中，海洋为我们慷慨无私地奉献了巨大的宝藏：种类繁多的海洋生物，为我们提供了丰盛可口的食物和治愈疾病的良药；此起彼伏的浪潮，为我们提供了强大而又廉价的不竭动力；辽阔无垠的海面，更是世界各国人民友好往来、交通贸易的重要通道。可以说，海洋所给予我们的一切是无法估量的，她是我们全人类共同的伟大母亲。可是，随着现代工业化的不断发展，海洋却遭到了日趋严重的破坏。人类在无休止的索取和掠夺海洋资源的同时，对海洋环境的破坏愈演愈烈，大肆倾废、不计后果，将一只只罪恶的黑手伸向了我们赖以生存的海洋，使得原本蔚蓝美丽的海洋的许多海域生病了：从陆地上源源不断地将污染物倾倒进了海洋，使大量海域中油污

大量泥沙被冲入海洋

在不断扩散，重金属的累积成了灾难，放射性废物有增无减，毒害物质四处蔓延，危及人类的"公害病"层出不穷，原本碧波万顷、美丽富饶的海洋环境遭到严重污染和破坏。

有人做过统计，世界上每分钟就有 3 万立方米的泥沙、矿物质等从陆地被搬运到海洋中来，比如我国的黄河平均每年搬运入海的泥沙就达 10 亿吨之巨。然而，近些年来，人类在从海洋索取食物和工业原料的同时，还在过度利用海洋来廉价地处理废物，尤其是近几十年来，人类向海洋倾倒的各种工业垃圾、生活垃圾的数量和品种都在成倍增长。

虽然各种废弃物进入海洋后，在海水的物理、化学、生物学等因素的综合作用下，一部分可以逐渐被分解，这也就是海水的自净能力，但是海水的自净能力并不是无限的。人们为了经济利益而利欲熏心，无限制地向海水中倾倒废物，沿海地区排放的大量工业和生活污水将大量污染物携带入海，便会给近岸海域，尤其是排污口邻近海域的环境造成巨大污染，污染海域逐渐扩大，极大破坏了美好的海洋环境，造成海洋环境灾害。

我国的渤海湾地区，是海洋环境污染灾害十分明显的地区之一。渤海是我国的内海，环渤海地区是我国北方经济的中心，工业尤其是重工业发达。工厂企业大量向海中排泄工业废物，再加上由于渤海本身的半封闭式海洋环境，不利于水体与大洋的交换，便造成了污染物的大量沉积。仅仅几十年间，渤海中尤其是近海海域中，昔日鱼虾成群、海风爽面的情景已经不再，取而代之的，是一片片污浊的色彩，海底重金属的含量已经超过了国家标准的2000倍！从这些数字我们可以看出海洋排放所造成的污染已经达到了何等严重的程度。

　　在我国的南海地区，海洋污染同样也已经十分严重，遭受污染的海域不断快速增加，海洋生态监控区全部处于不健康或者亚健康的状态，以至于专家建议沿海居民尽量少吃贝类海鲜，以免受到其体内超标污染物的毒害。南海海域自然环境的恶化，究其原因，最主要的便是沿海地区大力发展工商业，使得大量污水直接入海或沿着河流入海。长此以往，南海将也不再是一片蔚蓝。

　　从世界范围来看，沿海发达国家、地区近海排放所造成的海洋环境问题普遍十分严重，最为突出的是波罗的海、地中海、亚速海、濑户内海、东京

沙滩清扫机

海边的生活垃圾

湾、墨西哥湾等海域。在这些地区，海洋生物大量减少，有些生物种类已经濒于绝迹，甚至已经成为了没有生命的死海。

　　日本作为一个群岛国家，海岸线曲折，多海湾和良港，但这一地形也造成了近海水体与大洋水体交换不良，容易形成污染。特别是由于日本工业的迅速发展，使得大量化学毒物、工业废水排放入海，每年排放入海的废物达100多亿吨，这也就使日本的近海海域遭受了十分严重的污染，甚至有些地区的海水呈现出了赤褐色、黑色等恐怖的颜色。日本的近海捕捞、渔业资源都遭受了极大的破坏，一些有油臭味的鱼、绿色的牡蛎、有烂斑的海带大量出现，"赤潮"频繁发生，还爆发了"水俣病"、"骨痛病"等震惊世界的事件，使日本成为了世界上遭受海洋污染最严重的国家之一。现在日本经过大力治理，海洋污染状况有所改善。

　　在北美洲的墨西哥湾沿岸，有着富饶的生物资源和矿物资源，但是由于石油、硫、磷酸盐的开采规模日益扩大，还有随之而来的工业飞速发展、人口大量集中，对这一地区的海洋环境也造成了极大的破坏。破坏的原因不仅仅在于沿岸工业废水的大量排放，注入墨西哥湾的最大河流——密西西比河也成了农药、化肥等农业废物的排泄通道，对墨西哥湾造成了十分严重的污染。即使墨西哥湾比较广阔，水体可以充分交换，环境问题依然日趋严峻。现在墨西哥湾沿岸的生物物种已经大量减少，多种生物已经绝迹，而且还由于大量农业废水的入侵，使得墨西哥湾的海洋渔产农药残余量很高，对人类的健康构成极大的威胁。

而在欧、亚、非三大洲之间的地中海，由于只有一条狭窄的水道与大西洋相连，水体与大西洋的交换十分缓慢，加上沿岸十多个国家的工业废水和沿海城市污水的侵害，使地中海污染十分严重。特别是在地中海的东部沿岸，这里集中了较多的油井和油田，大量废油随着炼油厂的废水排入地中海，使得这里的海洋生物捕获量已经显著减少，焦油块、悬浮物质和海底沉积物大量增加，严重破坏了经济鱼类的生产。

近海排放造成的海洋环境污染问题触目惊心，斩断这只伸向海洋的黑手刻不容缓。

遭受工业污染的海面

固体污染：海洋变成垃圾坑

在沿海地带，经常会出现这样的情景，海鸟发现海浪中裹挟着许多"小鱼"，便飞快地猛扑过去，吞食下去才发现，它们所啄食的并不是可口美味的鱼虾，而是致命的固体垃圾。这些垃圾堵塞了海鸟的肠道，致使海鸟在饥饿中死亡。

在美国夏威夷群岛上的珍珠港，那里环境优美，景色秀丽，生长着茂密多姿、奇美多娇的珊瑚，这些珊瑚也是许多海洋生物的栖息地。当这里建起了工厂之后，大量的工业残渣和其他固体颗粒沉入海底，覆盖在珊瑚的表面；

同时，这些固体废物也加重了海水的浑浊程度，减弱了阳光的辐射。就这样，一些海洋生物遭遇了大量死亡的命运。

以上仅仅是表现海上垃圾对海洋环境所造成的破坏的两个情景。事实上，海上垃圾对海洋环境的影响远远不止这些。

所谓海上垃圾，就是由于人类活动所产生的种种固体废物，例如工业生产和矿山开采过程中所生成的种类繁多的固体废物、农作物的秸秆和家畜的粪便、城市垃圾以及船舶投放的固体废物。据世界环保组织的一项调查发现，包括各种商船、油轮以及海军舰船在内的船只，每天向海中抛弃的塑料容器多达45万个，每年向海中抛弃的各种塑料制品重达2.5万多吨，被渔船抛弃的塑料渔具也达15吨之多，其他固体垃圾的数量更是无法统计。这么多的垃圾经常而大量地侵蚀着海洋环境，其绝大部分又集中于近岸海域，这就不仅污染了海洋，威胁着海洋生物的生存，而且还会危及人类本身，因为海洋本就是我们共有的家园。

广阔的浅水海域是鱼虾、贝类繁殖生长的"故乡"，也是大多数鱼类的产卵场所。但是，当大量固体废弃物入侵之后，改变和破坏了它们原有的生活环境，迫使海洋生物"背井离乡"地逃往他方。而且海域里悬浮的固体垃圾会减弱光照，从而妨碍海洋绿色植物的光合作用。所以，当固体垃圾充斥海域时，常常会引起海洋鱼类的种类及产量剧降，甚至一些海洋生物种群还会惨遭灭绝。

另外，海上固体垃圾还会严重影响捕捞作业。渔民们的辛勤劳动换来的可能只是一网网的碎木片、塑料制品、空瓶、空罐、破布、废旧轮胎等乱七八糟的东西。不仅如此，废弃在海洋里的废钢烂铁、破旧汽车还容易撕破渔网，给海洋捕捞业带来不应有的损失。海上固体垃圾还会给海上航运、海洋科学调查、海上采集工作设置障碍，带来不便、增添困难。

另外值得注意的是，海面上大量的固体垃圾还会直接造成海洋环境在视觉上丧失美感。滨海地区历来是人们的避暑胜地和旅游度假场所，但是，目前世界上已经有许多曾经的海滨休养地，因垃圾的严重污染而不得不废弃。比如日本的"青松白河"原来是一个闻名于世的滨海浴场，现在却只能成为一个令人望而生厌的"废物坑"了。在冲绳岛、艾因苏卡、古赛尔、阿莱姆港等地，拥有世界上少有的珊瑚生态系统，但由于不断地兴建旅馆和度假村，致使海岸周围游客迅速增加，大量固体污染物入海，给海洋生态平衡带来了

相撞受损后的轮船照片。事故发生于 2010 年 5 月 25 日新加坡东部大约 13 公里处

破坏，极大地限制了景区的可持续发展，闻名遐迩的旅游胜地，已很难恢复到最初的美好。

　　我们都知道地球有七大洲，但大家可能会觉得惊讶的是，七大洲之外，还有一个"第八洲"！——那就是太平洋的美国加州和夏威夷之间漂浮着的"垃圾漩涡"，足足有 6 个英国面积的大小，估计有一亿吨垃圾，而且还在逐渐增加！这个"第八洲"环境恶劣，臭气熏天。更加严重的是，垃圾所形成的有毒物质被鱼类吸收，不但会导致大量海洋生物的死亡，更会严重威胁人类的健康。

　　垃圾的泛滥已经成为现代社会特别是沿海地区亟待解决的重要问题。当垃圾逐渐淹没海洋，淹没海洋生物赖以生存的家园之时，同样也是淹没我们人类所生活的家园之日。

水俣病：汞污染的悲剧

　　尽管悲剧已经过去半个多世纪，人们却依然记忆犹新——1950年日本的一个叫"水俣镇"的小镇，曾经发生过一起海洋环境污染的典型事件——"水俣事件"。水俣镇是坐落在日本九州岛南部熊本县境内的滨海小镇，依山傍水、风景秀丽，毗邻水俣镇的水俣湾，渔业资源非常丰富，镇上的大多居民世代以捕鱼为生，海产品是当地人日常食物的主要来源。

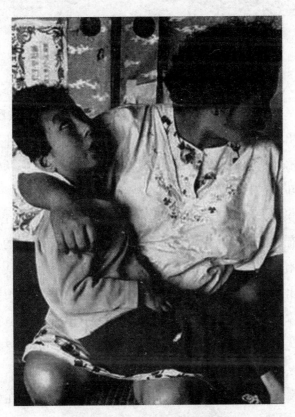

1950年发生在日本的"水俣病"

被石油污染的企鹅

1950 年，人们发现水俣镇当地的一些猫患病了，它们步态不稳，抽筋麻痹，最后跳入水中，"自杀"而死。但是这并未引起人们的注意。时隔不久，当地的居民也出现了一种怪病，开始时只是口齿不清，步态不稳，进而耳聋眼瞎，全身麻木，精神失常，最后，全身弯弓高叫而死，病状惨不忍睹。当时的人们尚不知道它的病因，所以称之为"水俣病"。

随着"水俣病人"的日益增多，至 1956 年，患者已增加至 100 多人，还出现了许多伴有神经症状的先天性痴呆儿，这才引起了人们的重视。由熊本大学医学院开始着手调查研究，从"自杀"的猫开始调查，从食物途径进行分析，最终得出水俣病患者的得病根源便是海里的鱼、贝等海产品。科学家在患者和鱼的体内都发现了一种剧毒的化学物质——甲基汞，某些患者体内的汞含量甚至为正常人的 99 倍。在水俣湾的底泥中，甲基汞的含量也相当高。那么，这么多剧毒的甲基汞又是从何而来的呢？

经过调查发现，在水俣镇有一个合成醋酸厂。这家工厂在生产过程中采用含汞的催化剂，把大量含汞的污水、废渣排入水俣湾，污染了海洋环境，毒害了鱼、贝类，经过食物链的层层富集，鱼类体内的有毒物质含量已经比低等生物高出了数百倍乃至上千倍，当水俣湾的居民食用了这些含汞的海产品，便会中毒致病，甚至身亡。

继水俣镇之后，日本的新潟县和有明町也先后两次出现了这样的"水俣病"，受害人数达到了两万余人。这都是海洋汞污染所造成的严重恶果。

汞这种物质为什么会造成这么大的危害？汞俗称水银，是在常温下的唯一液态金属，也是一种剧毒物质。当含汞的废水进入海洋后，在某些微生物的作用下，很容易就可以转化为对生物更为致命的甲基汞。甲基汞的毒性非常大，而且易溶于脂肪，也就更容易渗入人体，从而对人的健康造成极大的破坏。在汞污染的海区内，由于污泥中往往会含有大量的微生物，当污泥越多，甲基汞的含量也就越多，该区的海洋生物也便越容易受到毒害。

目前，含汞工业废水的排放是造成海洋汞污染的一个最直接、最重要的因素。全世界汞产量的90%都用于工业。在生产过程中所损耗的大量的汞，绝大部分会以废水的形式排放，在河流、湖泊、海洋中逐渐沉积。此外，汞制剂农药的流失、含汞废气的沉降以及含汞矿渣和矿浆的废弃，也将大量的汞带入了海中。这样一来，每年人类在生产活动中都会给海洋带来数量十分巨大的汞污染。

死去的海鸟

水俣病引发了人们对于汞污染的关注，一些国家对于鱼、贝类等海产品的允许含汞量都做了明确规定，如日本、瑞典规定的允许含汞标准为 1 毫克/千克，美国、加拿大为 0.5 毫克/千克。如果海产品的含汞量超出这些标准，就禁止出售，同时禁止在鱼类含汞量超标的海区捕鱼。

然而，仅仅设立这样一些标准是远远不够的，最关键的是人类不能生产工业废水，更不能任意排放，不能让含有汞等剧毒物质的废水直接或间接地流入海洋，不要让这样历史的悲剧重演。

骨痛病：重金属污染的报复

在日本中部地区富饶的富山平原上，流淌着一条名叫"神通川"的河流，注入富山湾，不仅是居住在河流两岸的人们世世代代饮用水源，也灌溉着两岸肥沃的土地，使之成为日本主要的粮食基地。然而，谁也不会想到，这条命脉水源，也曾经成为"夺命"水源。

那时20世纪中期的时候。自20世纪初期开始，人们就发现该地区的水稻普遍生长不良，到了1931年，这里又出现了一种怪病，患者大多是妇女，病症表现为腰、手、脚等关节疼痛。病症持续几年后，患者全身各部位会发生神经痛、骨痛现象，行动困难，甚至呼吸都会带来难以忍受的痛苦。到了患病后期，患者骨骼软化、萎缩，四肢弯曲，脊柱变形，骨质松脆，就连咳嗽都能引起骨折。患者不能进食，疼痛无比，常常大叫，有的人因无法忍受痛苦而自杀。这种病也由此而得名为"骨癌病"或"骨痛病"（Itai-Itai Disease）。

这种病的病因，人们长期没能发现，有人认为是软骨病等营养疾病，给患者口服维生素D，结果病情不见好转。从1931～1972年，共有280多名患者，死亡34人，潜在的患者达上千人，震惊日本。

后来，日本医学界从事综合临床、病理、流行病学、动物实验和分析化学的人员经过长期研究，推测神通川的水质可能与发病有关。果然，调查发现，

被重金属污染的河流及海面

大气污染

神通川上游的神冈矿山，有大量矿山废料排入川内，污染了河水。1959年，水资源和农业方面的专家参与了调查，最终得出了结论，矿山废水中所含的镉就是致病的原因，而此时日本社会正在普遍谈论水俣病的危害，这个时候骨痛病作为工业废水引起的又一种公害病，也就成为了人们关注的焦点。

骨痛病是镉污染使人致死的一个典型病例，那么镉究竟是一种什么物质，又是怎么危害到人类的呢？原来，镉是一种重金属，可以通过大气或水体的污染，经由呼吸和饮食两条途径进入人体，导致镉中毒事件的发生。位于神通川边的炼锌厂，长年累月排放含镉的"三废"，尤其是将未经净化处理的含镉废水直接倾入神通川中，自然，用这种含镉的水浇灌农田，稻秧便会生长不良，生产出来的稻米也就成为了"镉米"。生活在神通川两岸和入海口的人们长期食用含镉大米、海产品，饮用含镉河水，呼吸含镉空气，经过长年累月的积累，当地居民体内镉的含量逐渐累积，终于爆发了震惊世界的骨痛病。于是，这才引起了全世界对海洋镉污染以及其他重金属污染的重视。

含镉工业废水的排放、工业废气的沉降、矿渣和矿浆的废弃都是造成海洋镉污染的重要来源。镉进入海洋之后，一部分溶于海水中，其余部分则呈悬浮状，或者沉入海底，各种状态的镉都可以被海洋生物所富集，人们如果食用了被镉污染的海产品，也就存在着被镉毒害的可能性，比如骨痛病就是食用含镉的水、食物和海产品造成的。

镉污染在世界范围内十分普遍。美国的加利福尼亚沿岸海区，日本的东京湾，海水的含镉量都曾相当高，生活在这一海洋环境中的虾虎，体内镉含量是海水含镉量的 10～30 倍；鱿鱼体内的含镉量更高；而处于食物链最高环节的海獭，含镉量竟高达每千克体重 500 毫克。

镉污染先是污染海域，进而毒害海产品，最终毒害人类。目前还没有一种药物可以有效地将镉毒排出体外。人们如果长期食用被镉严重污染的海产品及其他食物，镉便会在人的肾脏和骨骼中积蓄起来，当浓度达到一定量时，就会引起肾功能失调，并发展为可怕的骨痛病。除了镉之外，对于海洋生物来说，铜、锌等金属也都具有十分严重的毒性。

海洋大自然已经为我们敲醒了警钟，我们需要时刻警钟长鸣。

大气污染

有机氯农药酿成的惨剧

真是难以想象——

谁都知道，鸟儿都是两条腿的，可在美国长岛海峡中的大鸥岛上，却有许多四条腿的燕鸥！它们或者有十字形的嘴、特异的小眼，或者没有尾羽和羽毛，或者失去了第一和第二飞翔羽毛，看起来就像是海鸟中的怪物。

1967 年，北爱尔兰有大量的死海鸟被海浪冲向海岸，估计共有 129 个种类的 10 万只海鸟死亡，其中大部分是海鸥。

近年来，还有海洋动物集体自杀的事件频频发生，特别是近 20 年来，尽管鲸鱼的数量已经比 100 年前大约减少了 95%，可是鲸鱼集体自杀的次数却

环境污染被认为是造成鲸鱼搁浅的原因之一

越来越频繁，规模也越来越大。1980 年，有 58 头巨头鲸拼命冲上澳大利亚特雷切里海滩，人们想把它们拉回海中也无济于事，鲸鱼依然固执地冲上沙滩，在干涸的沙滩上艰难地挣扎，哀吼声不绝，最终死亡，悲惨的场面令人不忍目视。类似的现象在世界上其他地区也都出现过，往往都是几十上百的鲸鱼或者其他生物成群结队集体自杀，这一直都是生物学界的难解之谜。

那么，这样的惨剧，其原因究竟是什么呢？科学家曾经对此百思不得其解。后来经过不断地调查分析，在这些畸形的海鸟体内，检测出了高浓度的多氯联苯。多氯联苯干扰了海鸟的胚胎发育，这是造成异现象的原因所在。1988 年，美国科学家在对集体自杀的鲸鱼进行解剖后发现，这些鲸鱼的胃液及胃中残留下来的磷虾中，均含有一定量的有机氯农药和多氯联苯，并且其中不少鲸鱼患有各种疾病。他们由此认为，近年来频繁发生的海洋动物大规模集体自杀现象，与海洋有机氯农药和多氯联苯污染有着密切关系。由于食物受到了污染，鲸鱼患上了各种以前从未有过的疾病，使自身痛苦不堪，从而促使他们走上了集体自杀的道路。

有毒的化学物质，为什么会对上至飞翔在天空的海鸟，下至游弋在海底的鲸鱼都造成如此巨大的影响呢？原来，海洋环境是一个联通的整体，大量有害物质进入海洋之后，既可以被生物所"食用"，在其体内富集，又可以经海洋生物食物链的传递，由低等海洋动植物向高等海洋动植物转移，并在食物链的各个"链条"体内富集，最后可以达到很高的浓度。在海洋环境中，有机氯化物大多是不易分解的长效药物，海洋生物对这类物质具有极高的富集能力，浓缩系数可以达到几千乃至数百万倍。鲸鱼等各种海兽和海鸟、鱼类，在海洋生物中处于食物链的高层环节，经食物链传递

人们在救助搁浅的鲸鱼

的有机氯污染物，最终积蓄到它们体内，使它们深受其害。

海洋中氯化碳氢化合物的存在，往往还会改变鱼类的洄游路线，或者由于污染引起的饵料生物的减少，均可影响鱼类的生长及产卵量的下降，严重的污染甚至会造成鱼、贝类的大规模死亡，这样的事故屡见不鲜。比如美国加利福尼亚沿岸是盛产大对虾的地方，但由于该海域遭受多氯联苯的污染，使大对虾往往在短暂的时间内大量死亡。当几种不同的有毒化学物质同时存在时，它们的毒性还可以因为相互配合而增高。现在，有机氯农药和多氯联苯污染已经遍布了世界各大洋。

多氯联苯以及其他有机氯农药对于环境的污染是全球性的，无论在海洋、空气还是在土壤中，都不同程度地存在。而这样的污染，最终会将殃及我们人类自身。由于长期大量进食含有高浓度多氯联苯的鱼类，引起人体中毒的事件已经时有发生，特别是在吃鱼量是一般人十倍的渔民身上，更是发生过很多病例。还是在日本，1968 年，曾经发生过一起轰动一时的"米糠油事件"，就是因为多氯联苯混入了米糠油中，造成了 5000 多人中毒，16 人死亡，实际受害者达 10000 多人的人间惨剧。

目前，国际上对多氯联苯以及其他有机氯农药给人类的威胁已经有了十分清醒的认识，已有许多国家明令限制或禁止使用有机氯农药，以尽量减少类似这样悲剧的发生。

赤潮：红色的海洋杀手

风光明媚的滨海良港，碧波荡漾的海湾渔场，当这一片美丽的蔚蓝在一夜之间被红色的海潮所取代，当人们在沿岸观察这如同海面上铺了一层红毯子一样的景象时，可能并不知道，在这一片红色下面，对于海洋生物而言，正孕育着一场可怕的灭顶之灾。也许就在不久之后，海风便会吹来一阵阵令人作呕的腥臭味，大片大片的死鱼将漂浮在海面上，渔民们将一无所获，养殖的水产也将被一扫而空。如此可怕的海洋杀手，究竟是什么呢？答案就是——赤潮！

赤潮被喻为"红色幽灵"，国际上也称其为"有害藻华"。赤潮又称红潮，是海洋生态系统中的一种异常现象，是在特定的环境条件下，海水中某些浮游植物、原生动物或细菌爆发性增殖或高度聚集而引起水体变色的一种有害生态现象。它并不一定都是红色，根据赤潮发生的原因、种类和数量的不同，水体会呈现出不同的颜色。

赤潮发生的时候，海中的某些浮游生物会急剧而大量地繁殖起来，并覆盖在海面上，给海洋表面披上了"红装"或"绿服"。这将导致海水的 pH 值

赤潮

长江口频发甲藻赤潮

升高，黏稠度增加，致使一些海洋生物不能正常生长、发育、繁殖，破坏了原有的生态平衡。此外，"赤潮"还会引起水中缺氧，当浮游生物大量繁殖覆盖整个海面后，必然要消耗掉海水中大量的溶解氧，使海水呈缺氧甚至无氧状态，而且由于海水脱氧而产生的硫化氢和甲烷对海洋生物也有致命的毒效，这就造成了鱼、虾、贝类大量死亡，给海洋捕捞和养殖业带来难以挽回的损失。

另外，赤潮对人类的健康也有着十分严重的危害，有些赤潮生物会分泌出毒素，当鱼、贝类等处于有毒赤潮区域内，没有被毒死时，毒素便会在体内积累。当这些鱼虾、贝类被人食用，就会引起人体中毒，严重时甚至可以导致死亡。由赤潮引发的毒素统称"贝毒"，目前确定有 10 余种贝毒的毒素比眼镜蛇毒素还要高 80 倍，比一般的麻醉剂，如普鲁卡因、可卡因还强 10 万多倍。

那么，如此可怕的赤潮，究竟是如何产生的呢？赤潮产生的相关因素很多，其中一个极其重要的因素就是海洋污染。城市污水的排放，农田里化肥的流失和饲养场倾注的废水都会给海水带来大量的植物营养素——主要是氮、磷和碳等营养盐。适量的营养盐可以增加海洋的肥沃度，给海洋水产业的繁荣创造有利的条件，但是，如果植物营养素过多，大量含有各种有机物的废污水排入海水中，就会促使海水"富营养化"，这是赤潮藻类能够大量繁殖的重要物质基础。

随着现代化工农业生产的迅猛发展，沿海地区人口的增多，大量工农业废水和生活污水排入海洋，其中有相当一部分未经处理就直接排放，从而导致了近海、港湾富营养化程度的日趋严重。同时，由于沿海开发程度的增高和海水养殖业的扩大，也带来了海洋生态环境和养殖业自身污染的问题；海运业的发展也导致了外来有害赤潮种类的引入，全球气候的变暖也导致了赤潮的频繁发生。

赤潮的出现以 20 世纪六七十年代日本和美国的海域为最早。当时的日本由于经济高度发展，大量含有营养盐、有机物、化学污染物质的工业废水和生活污水排放入海，致使日本东京湾、伊势湾和濑户内海都成为了赤潮的"重灾区"。目前，世界上已有 30 多个国家和地区不同程度地遭受过赤潮的危

大阪附近海域的赤潮

害，除北冰洋和南极洲附近海域，其他各大洲的沿海区域都发生过赤潮，次数也在逐年增多，出现的季节、延续的时间、影响的范围都有扩展的趋势，危害正在加重。就在 2010 年，作为我国旅游胜地的海南岛附近海域，由于地处热带，城市生活排污、工厂各种污染造成的海洋环境恶化，导致大量的赤潮危害。从海南的文昌龙楼至七洲列岛中间海面，短短十几海里就出现几十处赤潮，令过往游客无比心痛，呼唤着工业化何时能够还给我们一片美丽的海。美丽不是要向大自然索取的，而是要靠我们人类去自己营造的。

　　近十几年来，由于海洋污染的日益加剧，我国的赤潮灾害也有加重的趋势，由分散的少数海域，发展到了成片海域，一些重要的养殖基地受害尤重。我国 1970 年以前仅发生了 4 起大规模的赤潮，1980 年以来，赤潮发生次数明显增多，已达数百起，而且时间长、范围广、危害重。赤潮的频繁发生，是大自然向我们发出的警告，我们需要采取有效措施，减少海域污染，尊重自然规律，进行有效的防控和综合治理，这样才能使海洋环境状况得到改善。

狂捕滥捞的恶果

长久以来，人们一直认为海洋是一个无穷无尽的巨大宝库，大海里的各种资源如同聚宝盆一样取之不尽、用之不竭。特别是对于海洋生物资源的利用，在科技发达的今天，海洋捕捞已经发展到了机械化、电子化、信息化的时代，现代渔民可以准确测定水下几十米的鱼群方位，声纳导航系统能帮助渔船到达特定海域进行捕捞，人们对鱼类的洄游规律和路线了如指掌，捕捞能力空前提高，于是，海洋鱼类逐渐被人类狂捕滥捞得越来越少；捕捞得越少，人们就越狂捕滥捞，包括将鱼类的儿子、孙子等小小的个体都捕捞上来，以满足人们对赚钱的需求。严酷的现实告诉我们，现在的海洋生物资源也已经面临着严峻的危机。

1927 年，人们发现在夏威夷群岛西北部的贝荷礁堡上，有一种经济价值很高的海洋生物——黑唇珍珠贝母，于是人们便开始大量捕捞，丝毫不计后

我国为保护渔业资源，在渤海、黄海、东海、南海海域都实行了全面的伏季休渔制度

我国渔政船在伏季休渔期间，执法人员做海上巡航

果，原本这里有超过100吨的黑唇珍珠贝母，结果到了2000年，经过精密的统计研究之后，人们发现这里只有区区六只黑唇珍珠贝母了，由此我们可以看出这种毁灭性的破坏，后果多么严重。

我国江苏省的吕四渔场，是小黄鱼的产卵场。50多年以前，每年仅有700多艘渔船在这里作业，汛期市场上总是堆满黄灿灿的鲜鱼。后来，来这里捕捞作业的渔船逐年增加，捕鱼的队伍也从江苏本省扩展到了沿海各省，小小的吕四渔场被围得水泄不通，张张大网铺天盖地地洒下，不少渔船还一再增加网具的密度，吕四渔场的小黄鱼资源遭到了十分严重的破坏。

以上所介绍的仅仅是这样一种趋势的两个例子。问题的严重性在于，长期以来，我们不仅对有限的海洋渔业资源不能合理的开发和保护，反而一味地索取与掠夺，不懂得珍惜与养护，无限制、无计划地狂捕滥捞。特别是随着渔业捕捞手段的高科技化不断发展，渔船的网眼也越来越小，过渡捕捞已经严重地影响到了海洋生物的生存和发展。在50年之前的时候，我国近海渔场中鱼虾成群，按传统的捕捞方法就可以满载而归，可是如今几个主要的对虾产区资源匮乏，几乎到了无虾可捕的境地，这正是人们过度捕捞造成的恶果。

在世界范围内，一个非常典型的狂捕滥捞的例子就是鲸鱼的血泪历史。鲸鱼对于贪婪的人类来说，全身是"宝"——鲸油是近代油脂、化学工业的重要原料；由鲸头部提取的油，则是精密仪器、运载火箭、宇宙飞船的高级润滑剂；鲸肉更是肉中佳品，日本人吃鲸，简直成了一大"特色"；鲸皮质地柔软，品质上乘……正是因为鲸鱼浑身是"宝"，尽管它是海洋中最巨大的动物，也摆脱不了被利欲熏心的人们狂捕滥杀的悲惨命运。

自从挪威人发明了捕鲸炮之后，人类的捕鲸活动和捕鲸队伍就在不断地发展壮大。在这支队伍中，日本"当仁不让"地扮演了非常重要的角色。在日本，鲸鱼主要是作为一种食物而存在。日本在穷兵黩武对外侵略的第二次世界大战之际，是其

日本捕鲸船

国内困难时期，鲸鱼肉大大缓解了日本的粮食危机，并为贫瘠的日本百姓提供了宝贵的蛋白质。到了 1962 年，当商业性的大肆捕鲸风浪席卷全球时候，世界各国的捕鲸船纷纷出海，争先恐后地捕猎，仅这一年中，就有 6 万多头鲸鱼成为了人们的盘中美食，此时的日本更是不甘落后，趁机大发横财。

正是在这样的残酷捕杀下，许多鲸鱼尚在孩童期就被残忍捕杀，鲸鱼的总数急剧下降，蓝鲸、长须鲸、抹香鲸等濒临灭绝，鲸鱼原本枝繁叶茂的庞大家族，如今已经仅剩下 8 个种类，几近枯竭。当世界上的人们认识到了大肆捕鲸的严重后果之后，1986 年国际法规《禁止捕鲸公约》颁布施行，世界各国宣布放弃商业捕鲸，包括日本。但日本从 1987 年开始打着"科学研究"的旗号，绕过国际公约，照旧大规模捕鲸，甚至商业捕杀一些稀有鲸种，遭到国际上很多国家的强烈谴责，也受到了各国绿色组织的广泛抗议。

如果人们还是这样利欲熏心、一意孤行下去，未来我们的海洋里还有鱼吗？还有生命吗？难道只有当生机盎然的蔚蓝色大海变成一片深黑色的死寂，人类才能够为自己的过去而悔恨吗？

海水养殖污染：自掘坟墓

海水养殖是一柄双刃剑

海水富营养化污染，导致赤潮蔓延至香港维多利亚港

由于海洋污染破坏对海洋生物造成的极大伤害，海洋捕捞已经不能满足人们对海鲜海产的庞大食欲需求，所以人们就通过"科技专家"的"科技发明"，在海上大量进行水产养殖。然而，就是这种貌似无毒无害的活动，也因为人类自身行为的不当，实际上造成了十分严重的环境问题。这主要表现在以下三个方面：

首先是养殖活动的自身污染。饲料是养殖的主要营养来源，但仅有部分被消化吸收，未摄食部分和生物的排泄物便会沉积到底层，这样就在海水底部形成了有机物富集，有可能产生一些有毒的物质，妨碍海洋生物的生长和健康。不仅如此，在有机物大量富集的情况下，甚至还会引发赤潮。

其次，在水产养殖的过程中，还使用大量的化学药品来进行杀菌消毒，如各种化学消毒剂、抗菌素、激素、疫苗等。比如英国水产养殖中使用的化学药物有 23 种，挪威在养殖业中使用的抗生素比在农业中使用的还多。当大量化学药品直接或者间接投入海洋后，便会对近岸水域的生态分布产生直接的影响，特别是一些残留期长的广谱性抗菌素的过量使用，对近岸微生物生态和环境的影响更大。并且，这些药物还会通过食物链富集到鱼类等水产品中，最终将危害人类自身。

最后，也是影响最为深远的一点，就是生物污染。由于引种或移植具有

污染致死的海洋生物

方法简便、成本低和见效快等特点，所以在利益的驱使下，经常会发生人为盲目引进或移植新的物种，这就非常有可能造成生物污染。比如在欧洲的地中海和亚得里亚海，一种太平洋海藻覆盖了 30 平方千米的海底面积。生物污染的另一表现则是基因污染，由于养殖群体和野生种群的交叉配种，发生基因交换，一方面可能导致某些有害基因的扩散，另一方面还会减少物种的多样性，使自然的生物基因库遭受损失。

在我国南海沿岸的广西北海市附近海域，海洋生物污染已经成为了一个非常严重的问题，特别是海水养殖中所投放的饵料、药物等，都是养殖区及附近浅海水域的主要污染源，造成了海水的富营养化，为赤潮生物提供了适宜的生态环境，使其繁殖加快，导致赤潮的发生，同时还对生态系统、生态平衡、生物多样性造成严重破坏。

这样的海水养殖实际上是并不科学的"科学养殖"，一心为了赚钱的"科学养殖"，其更为严重的后果是，这样的"养殖货"的毒害性已经被越来越多的人所认识，人们已经开始拒绝吃、不敢吃这种"养殖货"了，黑了心的"养殖科学家"和"养殖专业户"白白忙乎，不但赚不了多少钱，而且经常赔本，实际上这也是海水养殖产业自掘坟墓的表现。

海洋热污染的危害

　　海水也会变热吗？会的。20 世纪 60 年代的美国佛罗里达半岛的土耳其角，曾经有一个火力发电厂，每分钟就有 2000 多立方米的冷却水排入比斯坎湾，使这个水深只有 1~2 米的半封闭海湾的水温常年稳定地上升，部分海域的水温比其他海域的水温高出 4~5℃，整个高水温海域的范围超过 900 万公顷。

　　这就是海洋热污染现象。所谓海洋热污染，就是指工业废水的温度对海洋的有害影响。其污染来源首先是电力工业的冷却水，其次是冶金、石油、造纸和机械工业所排放的热废水，其中以核电站的危害最大。一座十万千瓦

核电站一般建在近河或近海处，以方便排放热废水

的火电站每秒钟只产生7吨的热废水，但一座核电站每秒钟却能排放80吨的热废水，可使周围海域的水温升高3~8℃。

那么，海洋热污染造成海水温度的上升，会造成什么样的危害呢？首先受害的就是各种海洋生物。我们都知道，由于历史的或遗传方面的缘故，许多海洋生物往往只适合于生活在一个特定的水温范围内，水温的异常变化，会影响海洋生物的种类组成，并且还会导致生物个体数量的锐减。如果海水的水温升高了4℃，那么，这片海域几乎所有的生物都将绝迹，常见的绿藻、红藻和褐藻都将消失不见，而高温种类的蓝绿藻却可以得到大量的繁殖。即使在水温上升3℃的水域里，海洋生物的种类数和个体数也都会有所下降。现在世界范围内的学者已经达成共识，随着全世界发电量的迅速增长，热污染可能是将来影响最大的海洋污染类型之一。

那么，海洋热污染究竟是怎样对海洋生物造成灭顶之灾的呢？

首先，海洋热污染会导致水中缺氧，当海水温度升高的时候，海水中的溶解氧也会随之减少，同时，热废水本身就是缺氧的水体，大量热废水倾入海洋必然会增加这片水域的缺氧状况。另外，在一定范围内海水温度的上升，会促进海洋植物繁殖力的提高和海域中有机物质分解速度的加快，致使氧的消耗量增大。正是在这两个方面的同时作用下，海洋热污染造成了海水中氧气的匮乏，对海洋生物的生存构成了极大的威胁。

其次，海洋热污染还会妨碍海洋生物的正常生活，干扰它们的正常生长和繁殖。各种不同的海洋生物，都只能在特定的温度范围内生活，如果水温

曾经发生过泄漏事故的切尔诺贝利核电厂

日本柏崎刈羽核电站

美国自三里岛核电站发生泄露后，再未建核电站

超过了这一温度的上限，便将难以存活。特别是在热带、亚热带海区的封闭或半封闭浅水湾，每逢酷暑季节，水温已然十分之高，如果再在海洋热污染的影响下稍有上升，对于这片海区中的生物来说就是致命之海。此外，热污染还能促进生物的初期生长速度和使它们过早成熟，这看起来好像还是一个好处，实则不然，这样的话会导致生物体数量的减少并且完全不能繁殖。同时，对于那些能够适应高温的生物种类，水温的升高会大大提高它们的生存竞争力，从而改变原有的生态平衡，造成灾难性的后果。

然后，还有很致命的一点，即当海水温度升高的时候，可以加快海水中的化学反应速度，从而加大海水中许多有害物质的毒性，使海洋平均受污染程度提高。

虽然热污染在世界上大多数海区中，在目前，威胁还不是十分严重，但也正是因为这样，才会常常被人们所忽视。随着全球经济的迅速增长，特别是电力工业尤其是核电站的迅速发展，热污染的危害将日趋严重。一座发电量 3 兆千瓦的原子能发电站，每秒可排出 150 立方米比周围海水高 10℃的冷却水。如果有 10 座这样的发电厂，排出的高温水是不容忽视的，对周边海区的影响也将十分巨大。目前，日本和美国周边海域的热污染比较严重。日本作为一个岛国，多数电厂、钢厂都是沿海布局的，他们的冷却水大部分都排入了海洋，这就造成了日本沿海愈演愈烈的热污染。而美国的大部分工厂、电厂主要是依河而立，这使得河流水域的水温大幅度提高，比如俄亥俄河的河水温度，要比正常水温高出好几℃。

石油入侵引发的海洋灾难

石油是大自然对人类的馈赠，人类因为有了石油，才开拓了更为广阔的生存和发展空间。遗憾的是，伴随着石油的大规模开发和利用，石油污染已经成为海洋环境的大敌。目前，世界上大部分的石油都是经由海上运输的，航行在世界各大洋和近岸海域的各种油轮，因为触礁、碰撞、搁浅、泄漏或失火，将它们所载的石油全部或部分流入海洋，便会造成难以挽回的海洋石油污染事故，给人类尤其是沿岸相关国家造成巨大的损失。而在当人们用投放清洁剂和轰炸、燃烧的方法对付游船失事时，不仅清洁剂往往会比石油的毒性更大，而且石油的燃烧更是会造成对大气的第二次污染。

下面要介绍的，就是一幕幕触目惊心的海上石油污染惨剧。1967 年，美国巨型油轮"托雷·坎荣"号在英吉利海峡触礁，短短十天内，将其所载的11 万余吨原油倾入海洋，英国政府动员了 42 艘船只和 1400 多人，出动了飞机投放 10 万吨的清洁剂，但都无济于事，致使英国和法国沿岸的 300 千米海

美国墨西哥湾原油泄漏事故

美国帕司克里斯全海滩上一只死去的海龟

域蒙受污染之害，损失达当时的800万美元之巨。

1970年，一艘名叫"平静的大洋号"的油船带给了世界一场极大的"不平静"，当这艘油船航行到南非附近海面时，突然失事着火，大量的石油倾泻入海，燃烧着的石油在辽阔的海面上游荡，平静的大洋骤然变成沸腾的火海。

2007年，韩国西海岸发生严重油船事故，石油大量泄漏，造成海域严重石油污染，海滩被石油覆盖，韩国动员了近岸大量人力物力清除石油，至今生态尚未恢复。

2010年，墨西哥湾"深水地平线"石油钻井平台发生了爆炸，沉入海底，这场事故引发了大量的石油泄漏，严重破坏近海生态系统，重创当地渔业。美国政府宣布美国南部的三个州因原油污染遭受了"渔业灾难"，损失无法估计。

那么，如果油船不发生海难事故的话，是不是就不会对海洋造成污染呢？非常遗憾，答案是否定的，因为船舶在航行过程中，所用的压舱水、洗舱水以及船舶在机械运转过程中排放的污水，都会含有一定量的油，还有一些船舶违章排油、无意漏油，特别是违章排油事件为数甚多，虽然数量不大，但经常不断，同样不容忽视。另外，沿海工业，尤其是炼油厂的排废也将大量石油带入了海中。尽管世界各国对于石油排废有着十分严格的规定，但是在人类对石油愈加依赖的今天，石油工业的规模不断壮大，废水的量也愈加巨大，每年都会有大量的石油污染发生，使海洋深受其害。

大家都知道石油主要蕴藏在中东地区，而这一地区也是世界上最为动荡不安的地区之一。20世纪90年代，发生在这里的海湾战争也给海洋环境带了巨大的灾难。在战争中，伊拉克军队炸毁了科威特的一些石油设施，科威特的舒艾拜和阿卜杜拉两地油库燃起熊熊大火，大量原油源源不断流入了波斯湾。另外，伊拉克还采取了被国际社会谴责为"环境恐怖主义"的行为，故意向海湾倾泻原油，总数达1 000多万桶，厚厚的原油层压得海浪抬不起头，浑身沾满油污的海鸟在浮油中挣扎，发出阵阵哀鸣。有报道称，需要200年的海水流动，才能使海湾的水完全更换。

海洋石油污染

近年来，海上油田开发已经成为全世界的一大浪潮，近80多个国家都进行过海底石油勘探，其中20多个国家正在进行海上油、气的生产，但是这也隐藏着巨大的安全隐患。1969年，美国加利福尼亚州圣巴巴拉沿岸的海底油田发生了严重的井喷事件，几天之内涌出了一万多吨原油，并引起了绵延几百千米的海面大火，后来油田虽被迫封闭，但每天仍有2吨原油喷出，致使附近海面覆盖了一层1~2厘米厚的油层。据估计，全世界每年因海底油田的开发和井喷事故的发生而涌入海洋的石油可达100余万吨。

海洋石油污染影响范围广，危害程度大，严重威胁着海洋生物的生存、阻碍了海洋水产业的发展，并危及人类的健康。可以说，每一次石油的入侵海洋，对于海洋和我们人类自身来说，就是一场不折不扣的巨大灾难。因此，预防和治理石油污染是海洋环境保护的重中之重，也是一大难题。

杀人不见血的放射性物质

在大海之中，有一个看不见摸不着的冷血杀手，它不像热污染那样令人直接可以感受到海水温度的升高，也不像石油入侵那样铺天盖地如海上地狱，但它对人类的伤害是致命的，这就是"杀人不见血"的放射性物质。

太平洋上有一个著名的小岛——比基尼岛，自然风光旖旎，生物资源丰富，以至于服装设计师们都将著名的泳装以这个小岛来命名——"比基尼"。然而，1954年，美国在这里进行了一次氢弹爆炸实验，从那一瞬间之后，一切都变了，生活在这片海域的各种鱼类都遭受了很强的放射性危害，体内含有了很高浓度的放射性物质，数量巨大的海产品因放射性污染而不得不被废弃，许多在这一海域作业的渔民的健康也蒙受了极大的损害。

1944年，在第二次世界大战期间，为了制造核武器，美国汉福特原子能工厂通过哥伦比亚河把大量人工核素排入太平洋，从而开始了人类对海洋的放射性污染。近半个多世纪以来，由于世界上多个国家为了发展核武器，在海上和陆地上进行了大量核试验。尤其是在冷战时期，美苏两国为了争夺世界霸权，更是大力扩充军备，发展核武器，这是海洋放射性污染的主要来源。上述比基尼岛的悲剧，就是美国为发展核武器所造成的恶果。

放射性物质污染的来源不仅仅来自于核试验，现在世界上越来越多的国家都有了自己的核潜艇，核潜艇在海中航行的时候，所排放的冷却水和使用过的

放射性污染剂量仪

离子交换树脂都含有大量的放射性物质，如果发生核潜艇不幸失事或者载有核弹头的飞机坠毁的事故，它们所携带的大量放射性物质就会泄露，将引起海域的严重污染，海洋环境也将遭受极大的威胁。

此外，人们对放射性物质铀、钍矿的开采、洗选、冶炼、提纯，也会产生大量的废物；原子能反应堆、核电站运转时排放或泄露的含有多种放射性物质的废物；应用放射性物质的工业、农业、医院及科研部门所排放的放射性废物；稀土元素、稀有金属的冶炼中产生的放射性废物等，都会造成放射性物质的污染。特别是当如切尔诺贝利核电站失事这样的事故发生时，放射性物质污染的程度更是难以估量。

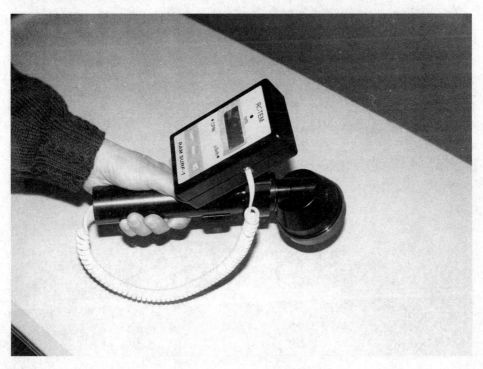

海洋放射性污染最直接的影响，就是降低了渔产品的食用价值。在被污染了的海域里生活的各种生物，它们不仅能富集放射性物质在自己的体内，并且还会在这些物质的影响下，在生长和繁殖过程中出现不良的反应。放射性污染还可以使鱼类的平均寿命缩短、产卵能力下降，造成一些鱼类的胚胎发育缓慢，死亡率上升，稚鱼生长减慢，死亡率增加，从胚胎中孵化出来的稚鱼的畸形率也显著增高。

　　放射性污染最终毒害的同样是我们人类自身。海洋的放射性物质可以伴随海产品的食用而进入人体。放射性物质所释放的射线，是一种看不见又摸不着，无色又无味的剧毒物质，只要百万分之一微克的量就对人体有致命的危害。放射性物质对人体的危害包括近期和远期效应两种类型，海洋环境污染的主要危害是远期的、潜伏性的。长期而大量地食用被放射性污染的海产品，便会引发疾病，例如有可能导致骨癌和白血病发病率的提高，并有可能引发遗传变异。

　　由此可见，海洋放射性污染，是具有潜在危险的"杀人不见血"的致命杀手，的确是不容忽视的。当前的世界，需要全面禁止核试验，限制核武器的制造，同时在对其他放射性废物的处理问题上，要加以重视并采取切实可靠的措施，只有这样，才能将海洋放射性污染减少到最小的限度，以免危及人类自身，甚至祸及后代。

围海造陆对海洋的伤害

　　人类对海洋环境的破坏，不仅仅在于向海洋中排泄废物，恣意污染，还在于人类在与海洋争夺生活空间的过程中，不遵循自然法则和客观规律，盲目建筑海滨海岸工程，改造海洋环境的行动。这在愈演愈烈的围海造陆运动中表现得十分明显。

　　围海造陆，是人类利用海洋空间最古老的方式，这是一些沿海地区用以解决土地不足，发展经济的有效手段。这些土地可以用于城市建设和工农业生产，从而有效地缓解经济发展与建设用地不足的矛盾。围海造陆的"成功范例"之一，是荷兰。他们围海造陆已有几百年的历史，有四分之一的国土都是从大海手里"夺"过来的。但是，由于海岸带是陆海交汇的地方，在海岸、近海进行大量工程建设、围海造田的活动，并不是都能"成功"的，往往导致自然规律的报复。大规模的、不合理的海滨海岸工程、围海造陆，不但直接改变了海岸带的自然景观，而且往往会给海岸带及其周围海域带来地

荷兰的围海大堤

理地质条件的改变，破坏海洋的物理运动规律，造成海洋自然环境改变，或吞噬沿岸大面积的湿地滩涂，或造成不可挽回的海岸破坏，或造成新的海域淤积，还会对海洋生物生态环境造成极大破坏，甚至导致一些生物灭绝。下面通过具体的事例，将过度围海造陆所造成的危害加以说明。

在广州珠江口海域，许多围海造陆的工程都是处于"无序"、"无度"的状态，这种围垦使得珠江口水域缩小，水位升高，航道变窄，纳潮量减小，生态破坏严重。随着港口变小，潮差也会随之变小，这样潮汐的冲刷能力便会降低，海水的自净能力也就随之减弱，导致水质日益恶化。围海造陆所得的陆地主要用于城市建设和工农业生产，污染物较多，尤其是各种污水直接排入大海，导致海水富营养化的可能性大大增加，从而使引发赤潮的概率也大大增加，这将给沿海的海水养殖业和海洋渔业生产带来巨大的危害。

围海造陆还容易引发洪灾，并且会造成航道的淤积。1994年夏季，华南地区发生了200年一遇的特大洪水，虽然实际降水量并不是很大，但正是因为围海所造的陆地阻塞了部分入海河道，影响了洪水的下泄，才造成了洪水的内涝。

我国浙江省的舟山市，地处长江、甬江和钱塘江的三江入海交汇处，海水却终年浑黄不堪，航道淤积严重。导致这一现象的原因之一就是舟山市近

围海造陆，毁誉参半

年来在开发和建设过程中大量采用移山填海、围海造田的办法，这种做法改变了岛屿之间潮流的流速、流向和有关水文条件，人为加剧了海域航道淤积。

这是荷兰史上第一个围海造陆的所在

广东省汕头港的航道也因其内湾历年实施围海造陆而逐渐淤浅，仅20世纪50年代到80年代，汕头湾就被围去近70平方千米，致使湾口外航道的水流明显减慢并淤浅，后来耗巨资修建外导流堤仍见效不大，万吨海轮受航道水深的限制不能进出汕头港，近年不得不在湾口外另寻广澳湾作为新的深水港。

围海造陆还容易毁掉大批的红树林。红树林素有"海上森林"之称，它是热带、亚热带沿海潮间带特有的木本植物群落，其生态系统具有净化海水、预防赤潮、清新空气、绿化环境等多种功能，还可为鱼类、无脊椎动物和鸟类提供栖息、摄食和繁育场所，因而又是最富生物多样性的区域，号称鱼、虾、蟹、贝的天堂，鸟类的安乐窝。近40年，我国红树林面积由4.83万公顷锐减到1.51万公顷，大部分是因为围海造陆而毁掉的。红树林资源的锐减换来的是海滨生态环境的恶化、海岸国土侵蚀日益严重、台风、风暴潮损失

广东湛江高桥红树林

位于河北平原东部、渤海湾西岸的海兴湿地

加剧、近海珍珠养殖业整体衰败、滩涂养虾暴病、林区和近海渔业资源减少等等。

围海造陆还容易产生的一个非常直接的影响，就是破坏海洋生物链，使海洋生物锐减，造成严重的生态环境和社会经济问题。不少海湾的自然环境因不合理的围海造陆活动而改变，严重损害了栖息生物的生态环境，导致原有生物群落结构的破坏和物种的减少。例如，北海由于填海建港、填海造地，导致岸线缩短、湾体缩小，人工海岸比例增高，浅滩消失，海岸的天然程度降低，损害生物的生态环境，使海洋渔获量减少，物种也减少很多。

大面积的围海造田，对海洋洄游鱼类来说，就像飞翔的信鸽遭遇磁场变化，无法返回栖息的场所一样。舟山群岛属于我国的四大渔场之一，但是近年来渔业资源却急剧衰退，其原因之一就是海洋环境的不断恶化。舟山群岛海域的每一座礁石、每一处滩涂，都是鱼类重要的洄游栖息地，海平面以下的地形、地貌一旦发生变化或被破坏，将直接影响到鱼群的栖息环境，破坏鱼类的洄游规律，导致鱼汛减少甚至消失，严重影响了渔业发展。

深圳湾附近海域的围海造陆工程所造成的危害尤为严重。改革开放30多年以来，深圳作为我国重要的经济特区，发生了翻天覆地的变化，但是，由于一直以来的无节制填海，深圳湾在30多年的时间里已经减少了近1/3，湿地面积减少了一半，生态失衡、淤积严重、污染加重，海洋生物的栖息地几乎都被破坏，海洋生态系统的自净能力几乎消失殆尽。有专家计算，如果还不采取切实有效的措施，深圳湾将逐渐变成死水，而后消失。

由此可见，无序的围海造陆，对于沿海地带环境的破坏是灾难性的。

第六章

保护海洋环境

海边游玩，不将垃圾留在海滩

　　当喧嚣了一天的海滩在夕阳的余光中恢复了平静时，我们时常会发现沙滩已不再是金色的一片。由于一些游客的不文明行为，给美丽的海滩带来了不和谐的音符。随意丢弃的纯净水瓶、塑料袋、西瓜皮、啤酒瓶、废报纸、烟头等垃圾随处可见，然而竖立在不远处的垃圾桶内却空空如也。您知道吗？这些丢弃在海滩上的垃圾不但会引起视觉不快，还给海洋环境造成威胁。美国"海洋保护管理所"在一项报告中警告说，海滩垃圾正在破坏海洋环境，仅为期一日的一次垃圾清理活动就在长约 2.9 万公里的海岸线和水道中清理出约 3700 吨垃圾。其中香烟、塑料袋成为了海洋环境头号"杀手"。当这些垃圾随着潮起潮落卷入大海，将会威胁濒危海洋动物的生存。所以当您踩在软绵绵的沙滩上时，除了留下您的脚印，请什么也别留下。

沿海旅游，尽量避免使用一次性物品

随着经济的发展，当前一次性用品已经成为了方便快捷的代名词。在饭店吃饭，随意使用一次性饭盒、一次性筷子；住宿宾馆，更加少不了一次性拖鞋、毛巾、牙刷……这些物品只使用一次甚至连用也没有用，就直接被塞进了垃圾桶。一次性用品的制造，需要消耗大量的水、电、煤等能源，还需要大量的塑料、纸张、木材等一些原材料。为了珍惜资源，保护美好的环境，我们应尽量避免使用一次性用品，让循环、长久耐用的用品成为我们的常用物品。沿海城市由于距离海洋较近，对海洋造成的污染更直接、更迅速，所以，当我们到沿海地区旅游时，更要注意尽量避免使用一次性物品。

将生活垃圾分类，减少海洋环境污染

　　您可能还没意识到自家的生活垃圾会给海洋环境造成巨大的压力。目前，中国绝大部分城市生活垃圾仍以简单坑埋、填充洼地、地面堆积、挖坑填埋、投入江河湖海、露天焚烧等处理方式为主，而那些被投入江河的垃圾最终要汇入大海。因此，在您日常倒垃圾时，请费一下神，将它们区别对待：不可回收垃圾——果皮、菜皮、各种废纸、废塑料、废金属、废玻璃、废橡胶、废织物等；有害垃圾——废电池、废荧光灯管、水银温度计、废油漆、过期药品、打印机墨盒等，把它们分别归类，做好垃圾处理的第一步。

海边旅游时尽量避免开冷气空调

　　能够给炎炎夏日带来丝丝清凉的空调已经作为现代科学带给人类的一大馈赠走进了千家万户。当您在海滨旅行时，当您享受着空调带来的清爽时，您是否想到，这丝丝凉风带给环境多么巨大的伤害。据了解，人体正常体温（37℃）时，皮肤表面的温度约为33℃，当室内温度高于33℃时就会有热的感觉，而低于33℃时则会有凉的感觉。空调的控制温度调整到26℃左右，人体感觉比较舒适。如果室温太低会减弱身体对热反应的敏感度，容易引起空调病。

　　众所周知，空调的制冷剂是一种名叫"氟利昂"的化学物质，它同时还可以作为清洗剂和发泡剂应用在各个行业。氟利昂自20世纪80年代被合成出来之后就成了破坏臭氧层的罪魁祸首。臭氧层是为地球遮挡紫外线的"遮阳伞"，若离开臭氧层的保护，人类就会被紫外线灼伤，罹患皮肤癌等疾病。氟利昂上升进入平流层后，在一定的气象条件下，会在强烈紫外线的作用下被分解，分解释放出的氯原子同臭氧会发生连锁反应，不断破坏臭氧分子。海洋因其独特的气流构造，更利于氟利昂进入平流层破坏臭氧层。

　　为了我们和我们的子孙后代不被紫外线无情地灼伤，在海边旅游时请不要贪恋一时的清凉，尽量少开、不开冷气空调，如遇气温过高时，请将空调的温度调整到26℃左右。

不在海水中随意小便

很多人都有在海滨浴场游泳玩耍的经历，碧蓝的海水，美丽的浪花，使人流连忘返。尤其是居住在海边的朋友们，炎热的夏季里，美美地在海水里游上一回泳，不仅驱走了炎热，全身心都得到了放松和愉悦。海滨浴场水质的好坏直接关系到游泳者的心情和健康。我国海滨浴场普遍承载量过大，到了旺季常常会看到浴场里人头攒动（俗称"煮饺子"），所以我们每一个人在享受海洋带给我们快乐的同时，必须注意保护浴场的环境卫生，不要因为嫌麻烦就在海水里随意小便。虽然浩瀚的海洋本身有自净的能力，但这毕竟需要一定的时间。这里且不说尿液对海水的污染，就是对游泳者也是一种直接的污染。有报道称，某些游客流量大的浴场，近几年相关的环境保护部门几乎每年都要从中清理大量的尿液。

积极参加清理海滩的义务劳动

　　每年的世界地球日（4月22日）和世界环境日（6月5日），我国沿海城市都要组织一些清理垃圾的活动。在活动中，海洋环保社团和海洋环保志愿者积极向民众宣传清扫海滩的重要性和必要性，并积极开展清理海滩的义务劳动。这种活动对于提高广大公众"保护海岸，清洁海滩"的环境保护意识，对促进人人参与保护海滩的环保行动起到了良好的带动作用。但对于个人来说，也应该积极参与到这种环保活动中去。如果大家都行动起来，我们清理的将不仅仅是海滩，而是人们的心灵；同时，还能将"同一片海，同一个家"的环保意识根植于我们的心中。

潜水时也要注意环保

如今喜爱潜水运动的人越来越多了，海洋深处五彩斑斓的世界的确令人着迷。除了要学习潜水的专业知识以外，您还要储备一些在海底活动的环保常识。例如，请您在海底潜游时避免搅动沉积物；不要用渔枪猎鱼；不要拿走活的贝类动物；切勿强行接触温驯的生物；切勿弃置胶袋；除了照片什么都不要带走；除了气泡，什么都不要留下。请您保证，在您上岸时的海洋与您下水时的别无二致。

乘船时不将剩饭倒入大海

在海上航行，由于船体空间有限，加上海上湿度大，剩菜剩饭极易变质、腐烂，为了保证船上人员的安全，剩余食物一般都向大海倾倒。可您知道吗？这些剩余食物首先会引来海鸥等海鸟尾随船只争相食用，造成它们的食物结构发生变化；另外，由于这些剩余食物中含有大量的氮、磷等物质，会导致水生生物特别是浮游藻类大量繁殖，使生物的种群、种类发生改变，破坏水体的生态平衡并使水质恶化，这时水体会呈现出蓝色、红色、棕色、乳白色，这就是我们常说的"赤潮"。所以，当您在海上乘船边欣赏美景边大快朵颐的时候，请千万注意量力而行，不要浪费盘中的食物。

了解国家不允许向海域排放废水的种类

国家对不允许向海域排放的废水种类作出了明文规定和等级限制。如：禁止向海域排放油类、酸液、碱液、剧毒废液和高、中水平放射性废水；严格限制向海域排放低水平放射性废水；严格控制向海域排放含有不易降解的有机物和重金属的废水。这些废水排放到海洋，都会给海洋带来或大或小的影响，有些甚至是非常严重的。如：油类排入水体后形成的油膜，会阻碍海水蒸发，影响水气交换，减少空气中氧进入水体的数量，从而降低了水体的自净能力；藻类因油污染，光合作用受阻而致死；油污沾在鱼鳃上引起鱼窒息死亡；石油中所含的多环芳烃，可通过食物链进入人体，对人体有致癌作用；酸液或碱液进入水体，能使水的 pH 值发生变化，pH 值过高或过低均能杀死鱼类和其他生物，抑制微生物生长，影响海水的自净能力。

对于国家的规定，我们除了自己要及时了解和严格遵守外，还可以留心身边的企业是否有违规排放行为。如遇违规排放，可以向当地的环保部门举报。

不向江河湖海倾倒废弃物和污染物质

　　固体废弃物和垃圾对海洋生态环境影响巨大，千万不能小视。浅海海域营养丰富、温度适当，是鱼、贝类生长繁殖的良好场所，也是多数鱼类的产卵地，若固体废弃物进入海洋会造成局部海域严重缺氧。海中的礁岩为虾、蟹类提供了栖息地，若大量的固体颗粒沉积到礁岩上，就会破坏原有的生活环境，使它们被迫离开栖息地。此外，大量固体废弃物进入海洋后，会在海水的腐蚀和阳光的照射下，产生有毒物质，对海洋生物资源产生较大影响，甚至能使对毒物质较敏感的海洋生物绝迹。有的固体废弃物还会直接威胁海洋生物的生命安全，如在海上漂浮的大量塑料制品被鱼类和海鸟误食后，会堵塞它们的肠道和胃，致使其慢慢死亡。在福建省福州、东山两地曾发现冲上海滩的海豚，经专家解剖，发现致死的原因就是误食了大量的塑料制品，它们的整个肠、胃充满了固体垃圾，像个垃圾桶似的！

尽量使用高效、低毒、低残留农药

　　为了确保粮食、水果和蔬菜的健康生长，大多数地区对农药的使用逐年增加。您千万不要以为，对土地施用农药不会危及海洋。其实，这些农药用量每年约有20%经江河排入海洋，经过物理、化学和生物作用后，一部分经过海洋环境自然降解，另一部分则沿食物链转移、浓缩或者放大。它的副作用会直接影响海洋生物正常的生理机能、繁殖习性、生物遗传、洄游路线和摄食行为等，从而破坏海洋生物资源和生态平衡，降低海洋生物生产力。另外，这些残留农药沿着食物链转移和放大，从低营养级转移到高营养级，并逐步浓缩，致使营养级越高的生物体内某些农药的含量越高。个别典型的农药，如氯化碳氢化合物、甲基汞等，通过在生物体内发生生化反应，会形成比农药毒性更大的物质，这部分海产品若上了人们的餐桌，其所含毒素被人体吸收，将直接危害到人们的身体健康。

污水未经处理，不能随便排入大海

　　我国沿海每年都有大量污水和有毒物质排放入海。20 世纪 80 年代以来，我国每年排放入海的污水约 60 亿吨，其中工业污水约 40 亿吨，生活污水约 20 亿吨。大量污水入海破坏了许多海域中海洋生物的栖息环境，对海洋生态系统和渔业生产造成了严重的损害，鱼类、贝类中毒死亡的现象时有发生，甚至使某些生物资源十分丰富的海区的经济鱼类绝迹，渔民失业，某些海区甚至已成为无生物的死海。因此，沿海企业或居民在生产或生活过程中应注意对污水排放的控制，如造纸厂应严格按国家标准排污，居民应尽量减少生活污水的排放。

请勿随意丢弃废旧电池

在我们日常生活中使用的废旧电池、温度计、旧电视等电器中都含有一定程度的重金属，如铅、汞、镉、钴等。这些重金属若进入大气、水、土壤中，会引起严重的环境污染。如随废水排放入海的重金属，即使浓度很小，也可在藻类和底泥中积累，被鱼和贝的体表吸附，产生食物链浓缩，从而造成公害。如日本的水俣病，就是因为烧碱制造工业排放的废水中含有汞，再经生物作用变成有机汞后造成的。

为了保护我们的海洋环境，我们可以使用充电电池，减少电池的浪费，把废旧电池收集起来送到收集点进行无害化处理；选购正规厂家生产的合格日化产品，拒绝害人害己的伪劣产品；温度计破损后用塑料纸将汞（水银）包裹好后送到专业收集点；不为追求新奇而更换家电，旧家电报废后送到专业环保处理公司进行无害化处理。

不向海洋排放热废水

　　除了火力发电厂、核电站、钢铁厂的循环冷却系统排出的热水以及石油、化工、铸造、造纸等工业排出的主要废水外，人们日常生活中的废热水中也含有大量废热。废热对海洋环境的影响首先表现为局部海域中耗氧量的增加，导致溶解氧的减少，影响海洋生物的新陈代谢，严重时可引起生物群落的变化；其次，海水温度升高会引起海洋生物群落，特别是浮游植物发生变化，使适应于正常水温下生活的海洋动物发生死亡或迁徙，还会诱使某些鱼类在错误的时间进行产卵或季节性迁移；或可能引起生物的加速生长和过早成熟。食物链中低级部分（如浮游植物）一旦发生改变，其结果是直接导致该海域生态系统的破坏。因此，在日常生活中，我们应该尽量不向海洋排放热废水，或者先将其搁置，待冷却后再处理。

尽量减少养殖污水排放

养殖污水中含有大量的营养元素。如鱼类养殖，由于投喂的饵料含有较高的蛋白质，易导致养殖污水中氮、磷、有机物、悬浮物的含量增高；再如贝类产生的粪便，含有丰富的有机质（主要是碳、氮、磷等）。有机物的沉积会刺激微生物的活动，增加耗氧量，从而导致底栖生物由于缺氧而死亡。因此，如果养殖污水未经处理便排入大海，必将使氮、磷等营养物质过度释放，造成局部海水富营养化；同时各类化学药品和抗生素的使用污染了水域环境，使一些生物的栖息地遭受破坏，干扰野生种群的繁衍和生存，使生物多样性减少。

养殖户应防止养殖品种的逃逸

由美国、瑞典等国家的科学家组成的一个研究小组经多年调查研究得出结论——水产养殖业正在对野生鱼类资源构成严重威胁，已成为世界范围内造成野生鱼类资源急剧减少的一个重要原因。

在挪威和苏格兰，大量人工养殖的大西洋鲑鱼从养殖场逃出，这些鲑鱼在与野生鲑鱼杂交后，很可能将病弱的基因传给其他鱼种，从而加速当地濒临灭绝的鲑鱼种类的消亡。由于杂交品种一般都具有极强的杂交优势，生长力和繁殖力旺盛，因此一旦引进的养殖品种逃逸到天然水域中，将会占据有限的环境资源，最终造成土著鱼类的灭绝。

所以，我们在养殖过程中一定要采取相应品种的防逃措施，例如只在人工能够完全控制的网箱和工厂中开展养殖，不要随意在安全措施不够的海域围网或筑塘养殖。

了解海洋灾害，尤其是赤潮

　　海洋灾害主要有风暴潮、灾害海浪、海冰、赤潮和海啸五种。赤潮作为目前世界上公认的海洋灾害之一，是一种灾害性的水色异常现象。赤潮发生时，海水变得黏黏的，还会发出一股腥臭味，颜色大多变成红色。在赤潮发生的海域，水产品含有毒素。有些赤潮毒素是腹泻性的，称为"腹泻性贝毒"。有些是麻痹性的，称为"麻痹性贝毒"。科学家已分离出许多贝毒，而且已证实其中的毒性，有的比眼镜蛇的毒性还大80倍！因此，赤潮不但能让小鱼小虾们因为缺氧而死亡，还会使食用有毒水产品的人们中毒甚至危及生命！所以，千万不要售卖被赤潮污染过的水产品！然而，最根本的还是要从源头上防微杜渐。由于导致赤潮发生的人为因素主要是海水污染和过度的海产养殖，所以在赤潮高发海区的人们尽量不要向大海中倾倒垃圾和生活污水，沿海的工厂要尽可能别向大海中排放工业污水，海边的养殖户们要尽量采用合理的养殖密度，这样，就能从源头上降低赤潮发生的可能性。只要我们每个人都树立起保护海洋环境的意识，从身边的点滴做起，赤潮这个人为的海洋灾害就会淡出我们的视线。

了解家乡的海洁情况

　　大海环保公社的网站（www. dahai. ngo. cn）公布了中国沿海城市海洋清洁排行榜。我们可以从中了解到家乡的海洁情况，甚至可以成为沿海城市志愿者、观察员。调查一下你周围向海洋排污的现象，观察一下被海水冲上岸的垃圾，向老人询问渔业资源的历史和现状，并通过各种方式进行宣传，使家乡的人们了解并认识与其生活息息相关的海洋，并在此基础上，自觉地去关心和保护海洋。

多用肥皂，少用洗涤剂

如今各式各样的洗涤用品以其强大的功能令您欲罢不能吧？但是，洗涤剂对环境的污染也许是您所不曾看见但却现实存在的问题。合成洗涤剂的制造过程会产生大量的废水和废气，它的使用，特别是含磷洗涤剂的使用，又增加了一系列的环境污染。含磷洗涤剂中的磷酸盐能刺激水藻的过分增长，疯长的水藻又造成氧耗竭，以致水域里的鱼虾因无力与水藻争氧而死亡，因此被磷污染的江河湖海中，都会形成诸多"死亡带"。使用肥皂就相对安全得多。肥皂的主要成分是苯璜酸钠，是从动物和植物脂肪中提炼出来的，对人体不会有害。即使是香皂，也只是去除了肥皂中的一些杂质，加了点香料而已。肥皂使用后排放出去的物质很快就可由微生物分解，不会对环境构成威胁。从现在开始，您不妨多选用肥皂或无磷洗涤剂进行洗涤，为环保做出一些贡献。

请节约用水

"石油危机之后的下一个危机就是水危机!"这是1977年的联合国水事会议向全世界发出的警告。这不是骇人听闻。水不是"取之不尽,用之不竭"的。海水的淡化需要高昂的成本,地下水的开采和使用情况也不容乐观。我国约有一半城市市区的地下水被污染,由污染造成的缺水城市和地区日益增多。超采地下水又诱发许多环境问题:地面沉降,海水入侵,河流、湖泊水量减少形成干涸等灾害。全国有46个城市由于不合理开采地下水而发生了地面沉降,其中沉降中心累计最大沉降量超过2米的有上海、天津、太原。节约用水从个人角度讲有时就是举手之劳,比如洗澡时不要将喷头的水自始至终地开着;家中可准备一个收集废水的大桶,它完全可以保证冲厕所需要的水量;淘米水、煮过面条的水,用来洗碗筷,去油又节水。如此轻松,但做无妨。

利用清洁能源

清洁能源是指不排放污染物的能源，包括水力、风力、太阳能、生物能（沼气）、潮汐能等可再生的能源。可再生能源不存在能源耗竭的可能，因此日益受到许多国家的重视。

太阳能、风能都是无污染，并取之不尽、可以直接利用的能源。据科学家估计，一天中，地球所接受的太阳能足够全世界使用 40 年。现在，采集太阳能的设备已有许多种，如发电机、热水器、太阳灶等。人类对太阳能的利用，有着非常广阔的前景。空气流动而产生的风，也是自然的清洁能源。现在，许多国家都在大力开发风能，用于居民生活、无线电通信、卫星地面站灯塔和导航设备的供电以及海水淡化等。

流水势能也是清洁能源，它是由一定高度差的流水，推动与发电机相连的涡轮机转动，而产生的电力。水力提供的电流很稳定，它是目前世界上使用最广泛的一种可再生能源。与陆地上的水能相比，海洋的水能要丰富得多。世界各国积极开发利用海洋能源，如利用潮汐发电、波浪发电、海水温差发电等。

在我们的身边，原来有着如此众多的清洁能源，那么当您选购热水器时，是否多考虑一下太阳能热水器？当您有能力建设自己的住房时能不能规划一个沼气池？当您投资股票时能不能多关注一下有清洁能源概念的股票？当您看到背着太阳板电池的汽车时，能不能多给一些掌声和鼓励？

尽量不在海边钓鱼

　　近年来，海边垂钓成为越来越多沿海地区居民的休闲娱乐方式之一。钓获的鱼类品种也比江河湖泊中的丰富，如果找准鱼窝，把握住良机，一次能收获十几条甚至几十条鱼。但是在垂钓者享受收获喜悦的同时，海洋的生态环境和生物的多样性可能正在遭到破坏：钓点附近的水域和海滩会被剩餐及剩饵料等人为遗留的废弃物污染，一些珍稀的海洋物种由于人们的无知而成为盘中餐，幼鱼没有得到放生等。因此，即使海钓其乐无穷，我们也尽量不要去海边钓鱼。如果看到有人在海边垂钓，我们应建议他们不要在钓点周围或向海水中乱丢废弃物，而应将其打包带走；并建议他有选择性地钓放，取大放小，并放过大腹雌鱼；如果您比较了解钓点有可能出现的珍稀鱼类，向垂钓者描述其特征，建议放生，从而保护垂钓海域生态链的完整性和生物的多样性。

严格遵守休渔规定

夏季是海洋主要经济鱼类繁育和幼鱼生长的重要时期。许多渔船都在这一季节出海撒网捕鱼。但常常出现将鱼苗一网打尽，之后却无鱼可捕的状况。同时，我国部分海域由于捕捞过度，导致渔业资源严重衰退，主要经济鱼类资源大量减少（如大黄鱼等诸多鱼类），不但使海洋生物链遭到严重破坏，也影响到了渔民自身的利益。针对这种状况，经国家有关部门批准，由渔业行政主管部门组织实施了一项保护渔业资源的制度——伏季休渔，它规定在每年的一定时间、一定水域不得从事捕捞作业。每年休渔的时间根据捕捞作业和海域的不同，国家会做出相应的调整。

实践证明，伏季休渔不但保护了主要经济鱼类资源，具有明显的生态效益，渔船在休渔期间也节约了生产成本。休渔期结束后，渔获物产量明显增加、质量提高，广大渔民也获得了利益。因此大家应该积极了解国家关于休渔时间的最新规定，严格遵守休渔制度，杜绝掠夺性捕捞。

不在幼鱼保护区捕鱼

由于某些海域的生态环境遭到严重破坏或人类掠夺性捕捞行为，导致该海域的重要鱼类数量急剧减少。为了遏制这种破坏行为，保证幼鱼的繁殖生长，国家或地方政府专门设立了幼鱼保护区。如在黄海和东海国家设立了黄唇鱼和带鱼两个幼鱼保护区，上海在长江口设立中华鲟幼鱼自然保护区。这些幼鱼保护区的作用已日益显现，如20世纪后期虎门海域濒临灭绝的国家二级水生野生保护动物——黄唇鱼，又重新出现在虎门海域。

请您留心附近的海域是否存在类似的幼鱼保护区，尽量不要随意闯入，也不要到这些鱼群保护区捕鱼，给保护区内的幼鱼一个良好的成长环境。

积极参与鱼苗放流活动

目前，全球性的捕捞能力过剩，渔业资源日益衰退，渔业也从单纯的捕捞利用资源转为渔业资源的养护和资源的增殖上。人工增殖放流不失为养护资源的好办法。它可以补充大量鱼苗，直接增加鱼类种群规模，改善鱼类的群落结构，改善水域生态环境，促进渔业和渔区经济的可持续发展。您不妨留意一下，各个地区和有关部门常常会举办一些鱼苗的放流活动，我们不仅应该帮助宣传这项活动的意义，更应该积极地参与其中，为保护海洋生物资源贡献一份力量。

积极参与政府组织的人工渔礁建设

人工渔礁是指人们有计划地将石块、水泥块、木箱、废弃的轮胎、废发动机等沉降到海里用于诱集、栖息和保护鱼虾等人工设施，它不但可以改善沿海水域的生态环境，为鱼、虾类聚集、栖息、生长和繁殖创造条件，也可作为障碍物，用以限制某些渔具在禁渔区作业，从而促进水产资源的增殖。

人工渔礁还能有效地限制底拖网作业，保护近海渔业资源，促进人工增殖养殖和捕捞生产的发展及提高近海渔业的科学管理，是改造沿海渔场的一项重要措施。20 世纪 60 年代以来，人工渔礁在世界各地发展很快。不少国家已经把人工渔礁的建设列为增殖近海渔业资源的重要措施。

建设人工鱼礁是一项保护海洋资源生态环境的系统工程，需要社会的大力支持，广大渔民朋友应该积极响应，配合政府部门的工作，大力建设人工渔礁，做好底栖鱼类的放流增殖，这也是渔业实现可持续发展的重要措施之一。

请保护海岸线岛礁资源

我国沿海岛礁资源丰富，海洋生物种类繁多，风景优美，如果进行合理的开发和利用，就能为我们带来可观的经济效益和生态效益。但事实上，一些人只顾眼前利益，对岛礁的鱼、贝、藻毫无节制地"痛下杀手"。有些人在利益的驱动下，不顾生命危险登礁攀岩掏鸟蛋、采牡蛎和藤壶出售给餐饮店。还有些人破坏和开采岛、礁、滩、沙、石等具有稀缺性和不可再生性的资源。这既破坏了岛礁的渔业资源，危及岛上珍稀动物特别是鸟类的生存，还严重损害了海岛的生态平衡和自然风光！目前，有些沿海城市的政府部门已经开始采取措施保护岛礁：通过电视、座谈会等形式，开展宣传教育活动，增强广大人民群众保护岛礁资源的自觉性。但是，这些措施需要我们每个人的积极配合。如果我们还想在若干年后享受到经济价值巨大的海洋渔业资源，并在游艇上惬意地观光欣赏岛礁区内生态类型各异的海岛、海礁，就要从此刻开始行动！只有从内心意识到岛礁与我们共生共息的关系，才能真正地去善待岛礁资源。

不进入自然保护核心区

到目前为止，我国已经建立了包括国家、省、市、县级的海洋自然保护区 108 个，总面积达 769 万公顷（不含台湾、香港和澳门）。这些自然保护区涵盖了我国海洋主要的典型生态类型，保护了具有较高科研、教学、自然历史价值的海岸、河口、岛屿等海洋生境，保护了中华白海豚、斑海豹、儒艮、绿海龟、文昌鱼等珍稀濒危海洋动物及其栖息地，也保护了红树林、珊瑚礁、滨海湿地等典型海洋生态系统。对海洋生物多样性和生态系统的保护发挥了重要作用。自然保护区按功能分为实验区、缓冲区和核心区，其中核心区是保护的核心地带。海洋保护区的主要作用是保护遗传资源，保护区内禁止进行破坏性开发活动，严格控制一般性开发活动；核心区更是动植物最后的庇护场所，除科学研究需要以外一般禁止任何人进入。所以当人们在接触大自然，企图揭开自然保护区的神秘面纱时，请不要进入核心区域，给生活在这里的动植物保留这片难得的宁静家园。